ネコと分子遺伝学

仁川 純一 著

コロナ社

まえがき

この本は、拙書「ネコと遺伝学」（コロナ社・二〇〇三年）の続編のようなものです。「ネコと遺伝学」の中で、簡単な遺伝学の話や遺伝を司るＤＮＡの話、ネコの毛色に関する遺伝子について解説しました。いくつかの遺伝子によってネコの毛色が決まっていることなどを、その当時でわかっている範囲で紹介しました。しかし、「ネコと遺伝学」は一〇年も前に出版された本です。分子遺伝学という学問は、遺伝現象を分子レベルで、すなわちＤＮＡやタンパク質のレベルで解析しようとする学問です。特に遺伝子の研究の進歩はめざましく、「ネコと遺伝学」を書いた後、毛色遺伝子に関しても新しいことやおもしろいことがつぎつぎにわかってきました。

そこで本書では、ネコの毛色などに関与する遺伝子が、どのように変化したらどのように毛色が変わるのかなどについて、最近明らかになった事柄を詳しく解説します。その他にも、ヒトやイヌなどの毛色遺伝子の話、またヒトの毛色遺伝子と関係する病気の話など、いくつかのトピックスも紹介したいと思います。「ネコと遺伝学」を読んでいただいていなくても理解できるように書いているつもりですが、先にそちらをお読みいただくと、さらに理解しやすく、またこの本に出てこないことも書いていますので、より毛色のことに興味を持っていただけるでしょう。

毛色遺伝子の研究というのは，遺伝子の働きを「色」という目で見てわかりやすい性質として解析できる分野ですので，さまざまな動物において研究が進められています。特にネズミを用いた毛色遺伝子の研究は，近年急速に進みました。ネズミは毛色遺伝子に限らず，いろんな遺伝子の研究が進んでいます。ネズミはすべてのDNA配列の情報も明らかになっていますし，他の動物に比べて比較的容易に遺伝子操作（遺伝子を人工的に改変すること）もできますので，ほ乳動物のモデル生物として研究によく用いられています。ネコやイヌと違って，特に品種改良などに興味が持たれてきたわけではなく，学問的な遺伝子研究の中の一部の分野として，毛色の遺伝子についても急速に研究が進みました。その結果毛色遺伝子に関しても，直接あるいは間接的に毛色に関与している遺伝子が，すでに一〇〇個以上も明らかになっています。

一方イヌも，ネコと同じようにヒトにとって身近な家畜であり，さまざまな品種が作られてきました。しかしイヌの場合，主としてさまざまな使用目的，例えば狩猟のためとか競技用とか，救助用のためなど，目的にあった品種改良が行われてきました。したがって毛色については，以前はあまり重要視されませんでしたので，毛色の遺伝子の研究は遅れていました。近年になって，ペットとして普通の家庭での飼育が広まって毛色にも注目が集まり，毛色に重点をおいた品種改良も進みました。イヌの全DNA配列も明らかになりましたので，イヌの毛色遺伝子についても関心が高まっています。他にも，トリや魚などでも毛色や体色を決めている遺伝子の研究が進められています。いろいろな生物に共通の遺伝子もあり，また生物種によって特徴的な遺伝子もあり，なかなかおもしろい研究分野です。

ネコの毛色についての遺伝学的研究は，他のどの生物よりも早くから進められてきました。これは愛玩動物として，ネコの品種改良が毛色を重視して行われてきたためです。一〇〇年ほど前から，専門的ブリーダー達によって，さまざまなネコの品種が確立されてきました。ネコの品種では，毛色が特に重要視されてきましたので，ブリーダー達による毛色に関する遺伝学も非常に進みました。分子レベル，すなわちＤＮＡレベルでの遺伝子の研究が進む前から，ネコではこれまでに九つのおもな毛色遺伝子の存在が明らかになっていました。ただ，現時点ではまだネコのすべての遺伝情報は明らかになっていないので，すでにすべての遺伝情報が解読されたネズミなどに比べると，遺伝子レベルの研究が若干遅れています。しかし，ネコのＤＮＡ配列もほぼ明らかになってきています。ネコの毛色遺伝子の種類は比較的単純なのです。この後で解説するように，つぎつぎと毛色遺伝子も明らかになってきており，毛色研究のパイオニアとしての地位もゆるぎのないものだと思っています。

さて，毛の色を決めているのは「メラニン」という色素です。皮膚や毛の色にはさまざまな違いがありますが，ヒトやイヌ，ネコ，ネズミなどの場合，基本的には大きく分けて二種類のメラニン色素の配合によって，毛の色合いが決まります。二つのメラニン色素は，ユーメラニンとファオメラニンと呼ばれています。いずれも単一の化合物ではなく、複雑な構造の高分子の集まりです。ユーメラニンは黒または焦げ茶色で、ファオメラニンは茶または赤っぽい茶色です。この本ではわかりやすいように、それぞれを「黒メラニン」と「茶メラニン」と呼ぶことにします。どちらのメラニン色素も、チロシンというアミノ酸を出発原料にして、細胞内で作られます。チロシンがつぎつぎと違う化合物に変化していって、メラニン色素が合成されます。システインというアミノ酸も少し使われます。いくつかの酵素タンパク質によって、何段階かの反応が進行してメラニン色素が作られます。その反応については後で説明します。

二つのメラニン色素は、色素細胞（メラノサイト）という、メラニンを作るために特化された特殊な細胞の中で合成されます。したがって、色素細胞という細胞がきちんとできなければ、当然メラニン色素もきちんと作ることができません。メラニンの合成には、たくさんの酵素タンパク質が関与していますが、このとき、黒メラニンを作るか、茶メラニンを作るか、またどちらをどれだけ作るかも、複数のタンパク質によって制御されます。

できたメラニン色素は、メラニン顆粒（かりゅう）と呼ばれるかたまりになり、色素細胞の外へと運ばれます。このメラニン顆粒を運ぶのにも、いくつかのタンパク質が関わっています。メラニン顆粒が皮膚や毛を作る細胞まで運ばれていって、そこでメラニン色素が沈着し、最終的に色として観察されます。ですから、メラニンを作る・作らないというだけでなく、色素細胞自身の発生や成熟、あるいはメラニン顆粒の形成（量や大きさ）やその輸送なども、毛色に大きく影響します。

　このようなさまざまな現象に、多くのタンパク質が関わっていますが、それらのタンパク質の構造や機能は、すべてＤＮＡの配列が決めています。そのＤＮＡ配列は、遺伝情報として親から子に伝えられます。ＤＮＡが変化すると、その情報によって作られるタンパク質の働きも変わってしまい、毛の色が変わります。いくつかのＤＮＡの変化によって、普段目にするさまざまな毛色をもったネコなどが生まれるのです。

　ではどのようなＤＮＡの変化によって、どのような毛の色ができるのでしょうか。先に述べたように、遺伝現象を分子レベル、すなわちＤＮＡのレベルで解析するのが分子遺伝学です。ＤＮＡと毛の色との関係についても、分子遺伝学的な研究が非常に進んできました。そのためこれまで曖昧だった遺伝現象も、ＤＮＡの解析によって明確になったこともたくさんあります。この本では、そのような遺伝子ＤＮＡと毛色の関係について解説します。

　毛色の変化に関わるタンパク質の中には、単に毛の色に関わっているだけでなく、体の他の代謝系にも影響を持つものも少なくありません。したがって毛色だけでなく、病気と関連しているタンパク質もいくつか知られています。毛色の研究では、単に「色」の研究だけではなく、病気の研究と結びついている例も、たくさんあるのです。

　例えば、毛色や体色を決めている色素は、光を感じる細胞で必須の物質ですので、その研究はヒトの視覚障害の研究にもつながっており、重要な知見もたくさん得られています。また耳の蝸牛（かぎゅう）にある有毛細胞は音を感じ取るのに重要な細胞ですが、有毛細胞と色素細胞の発達は深く関わっており、毛色は聴覚障害とも関わってきます。このような毛色と病気との関係についても、少し触れたいと思っています。

もちろん、「色」は非常にわかりやすいので、分子遺伝学の分野でも興味ある研究対象です。遺伝の本体であるＤＮＡの配列やその変化に基づいて、どのようなタンパク質などが作られるのか、また作られたタンパク質の機能と毛色はどのように関係しているのかなどを明らかにすることが、分子遺伝学という学問の領域です。この本では、ネコの毛色を題材として、分子遺伝学の基礎を少しでも理解して頂きたいと願っています。

二〇一三年四月

仁川　純一

もくじ

1 分子遺伝学の初歩

2 ネコの毛色変異

11 味覚と遺伝子

1　分子遺伝学の初歩

染色体DNA

まずはじめに、分子遺伝学の基本である遺伝子と遺伝情報について、簡単におさらいをしておきましょう。「そんなことはもう知っているよ」という方は、この章を飛ばしてください。

さまざまな遺伝情報を子孫に伝える役目は、DNAと呼ばれる長いながい高分子が担っています。このDNAは、ヌクレオチドと呼ばれる化合物がつながったものです（図1）。ヌクレオチドには四種類あり、簡単に「A」、「C」、「G」、「T」で表記されています。すなわち、「…AGATGTACCATGTGAT…」のようになります。このヌクレオチドという四種類の化合物が、さまざまな順番でつながっています。よく比較されますが、コンピュータは「0」と「1」の二つの

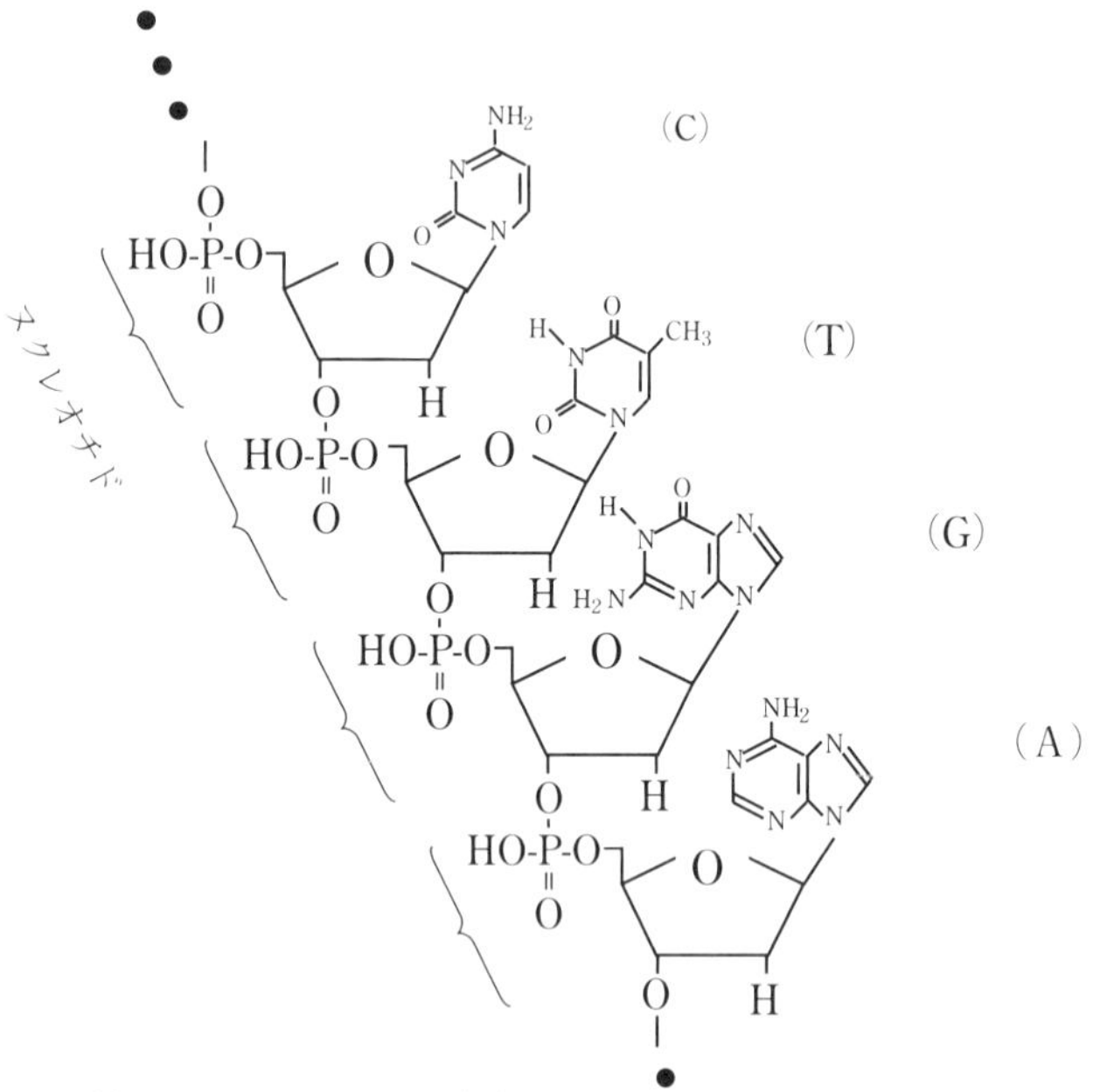

DNAは四種類のヌクレオチドと呼ばれる化合物がつながった長い高分子物質。
このヌクレオチドの並びは簡単に、A・C・G・Tの記号で表される。

例：・・・CTGAGATCGGA・・・・

図1　DNAの構造

記号のつながりで、さまざまな情報、すなわちプログラムなどを理解します。「０１１０１１０１０００１０１０」などのように書かれています。この0と1だけで、例えばコンピュータの画面上に、複雑な動画を表したりすることができます。ＤＮＡの四種類のヌクレオチドは構造がよく似ていますが、「塩基」と呼ばれる構成成分が異なります。そこでヌクレオチドを簡単に塩基とも呼びます（この本でも、以後基本的にヌクレオチドを塩基と呼びます）。

ＤＮＡは、実際には前述の塩基の鎖が、二本より合わさっています。このより合わさるときに、相手が決まっています。「Ａ」と「Ｔ」、そして「Ｃ」と「Ｇ」が必ずペアになっています。この二本より合わさっていることが、親から子に遺伝情報を伝えるのに重要なのです。細胞が二つに増えるとき、より合わさったＤＮＡを一旦ばらばらにして、それぞれの鎖を基に、新しくより合わさったＤＮＡを作ります。そうすると、元とまったく同じＤＮＡの鎖が二つできることになります（図2）。この過程を「ＤＮＡ複製」といいます。これらが二つの細胞に分配されると、最終的にまったく同じ遺伝情報（ＤＮＡの配列）を持った細胞が二つできることになります。われわれの身体を形作っている細胞は、どこの細胞をとっても基本的には同じＤＮＡの情報を持っているのです。

ヒトやネコなどの「真核生物」と呼ばれる生物では、通常の細胞はこのより合わさっているＤＮＡの鎖でほぼ同じものを、二本ずつ持っています。これを二倍体細胞といいます（図3）。「ほぼ同じ」ということは、ところどころで塩基が少しずつ違うので、その違いが個性（個人個人が異なる特性を持つこと）を作ります。一卵性双生児、あるいはクローン動物のみが、まったく同じ配列を持ちます。二卵性双生児や普通の兄弟姉妹では、皆配列が少しずつ違っています。

これらの遺伝情報を担っているＤＮＡは、細胞の中の核と呼ばれる小器官の中にあります。ある種の染料で染まることから、染色体ＤＮＡ（簡単に染色体）と呼ばれます。この二本は、それぞれ

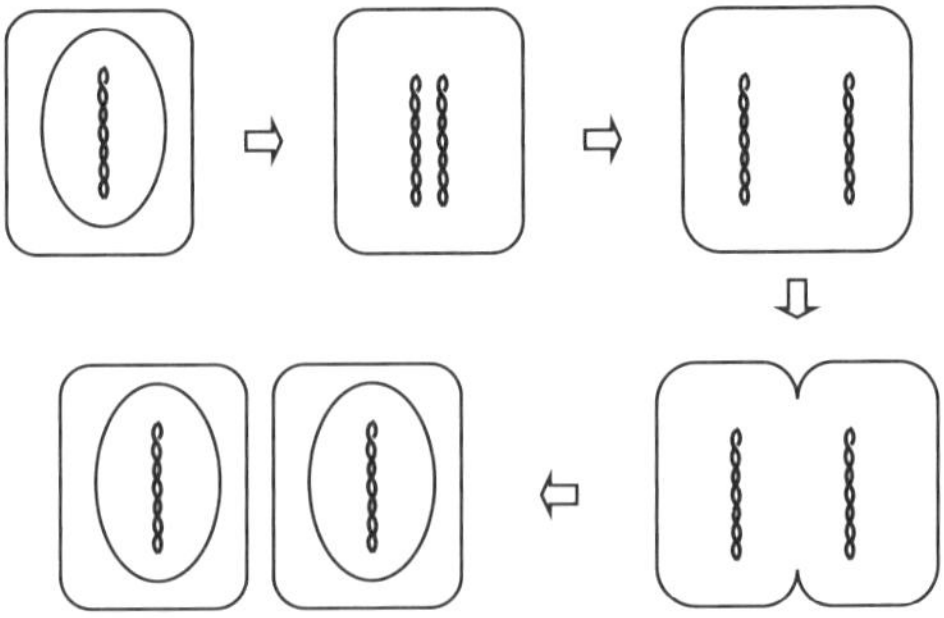

図２　細胞の増殖に伴うDNAの複製

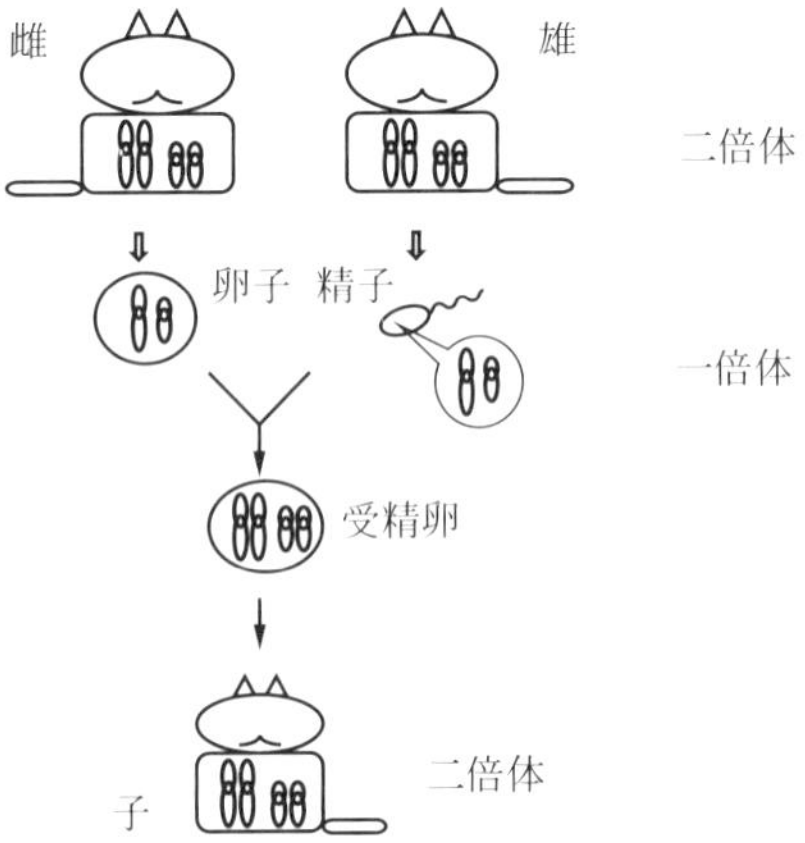

真核生物の細胞は、父親と母親から受け継いだ、非常によく似た染色体DNA（相同染色体）を二本ずつ持つ。

図３　真核生物の相同染色体

が父親と母親から受け継いだものです。ヒトの場合、このほとんど同じ二本ずつの染色体DNAの鎖が二二組あります（図4(a)）。これらのDNAは「常染色体」と呼ばれ、第一染色体から第二二染色体まで、番号で呼ばれています。

そして、染色体DNAにはもう一組ありますが、この一組だけは非常によく似ている組合せと、まったく似ていない組合せとがあります。似ている組合せはX染色体と呼ばれ、似ていない組合せは、X染色体とY染色体と呼ばれる染色体との組合せからなります。この組合せで雄雌の性が決まるので、どちらも「性染色体」と呼ばれます。Xを二つ持っていると雌、XとYを持っていると雄になります。ネコでは染色

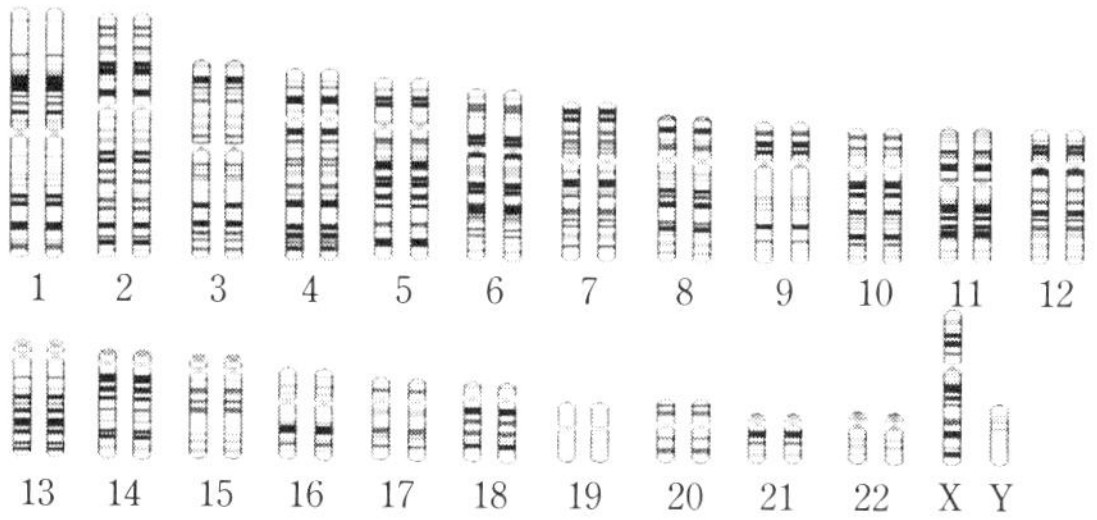

（a）ヒトの染色体

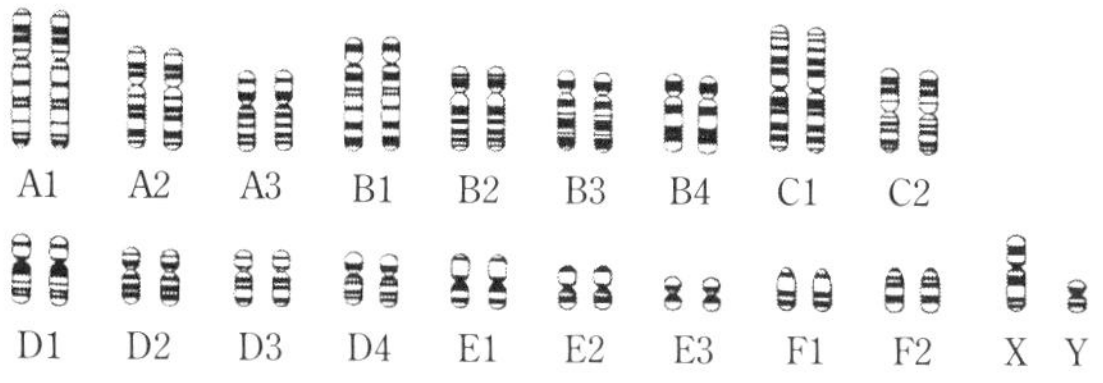

（b）ネコの染色体

図4　ヒトとネコの染色体の種類

体が全部で三八本あります（図4(b)）。A1〜A3、B1〜B4、C1〜C2、D1〜D4、E1〜E3、F1〜F2と呼ばれる染色体がそれぞれ二本ずつで、あと二つはヒトなどと同じく性染色体のXとYです。ネコもヒトと同じで、XXが雌でXYが雄です。

精子や卵子では、二本一組の染色体がそれぞれ一本ずつになります（一倍体細胞）。雌はX染色体を二つ持っていますので、その卵子はすべてX染色体を持っています。雄はX染色体とY染色体を持っていますので、その精子はX染色体を持っているものとY染色体を持っているものとになります。そして精子と卵子が、受精という過程で合体して、また二本一組の染色体を持った受精卵ができます。このときX染色体を持つ卵子が、同じくX染色体を持つ精子が合体すれば雌に、Y染色体を持つ精子と合体すれば雄になります。そしてできたこの一個の受精卵が、分裂を繰り返すことによって細胞が増え、個体ができるのです。ですから子どもはXとY染色体を含めて、一組の染色体は卵子すなわち母親から、もう一組の染色体は精子すなわち父親から受け継ぎます。

蛇足ですが、性別を決める性染色体を持つ生物はたくさんいますが、どの生物でも必ず同じ染色体が二つ、すなわちXXが雌で、異なる組合せのXYが雄であるとは限りません。トリやチョウチョなどは、同じ組合せが雄で、異なる組合せが雌です。

このDNAの長いながい配列のうち、ある特定の領域が遺伝子と呼ばれ、主として酵素などのタンパク質の設計図となります。DNAの情報は、一旦メッセンジャーRNAというDNAとよく似た物質として、その情報が移し替えられますが（この過程を転写といいます）、そのRNAの配列情報を基にタンパク質が作られます（図5）。このタンパク合成の過程は翻訳といわれます。タンパク質はアミノ酸がつながったものですが、そのつながり方を決めているのが遺伝子のDNAの配列です。長いDNA配列の中に、たくさんのタンパク質の設計図が書き込まれているのです。

これまでに、さまざまな生物が持つタンパク質の性質や、染色体DNAの配列の研究が行われてきました。以前は、生命現象を司る部品である、タンパク質の研究が主流でした。しかし最近では、ある生物が持つすべてのDNAの配列（これをゲノムといいます）を、まず端から端まで、すべて明らかにしてしまう、という研究スタイルが進んでいます。すべてのDNA配列が明らかになれば、そこに書かれているタンパク質の設計図を読み取ることで、その生物がどのようなタンパク質を持ってい

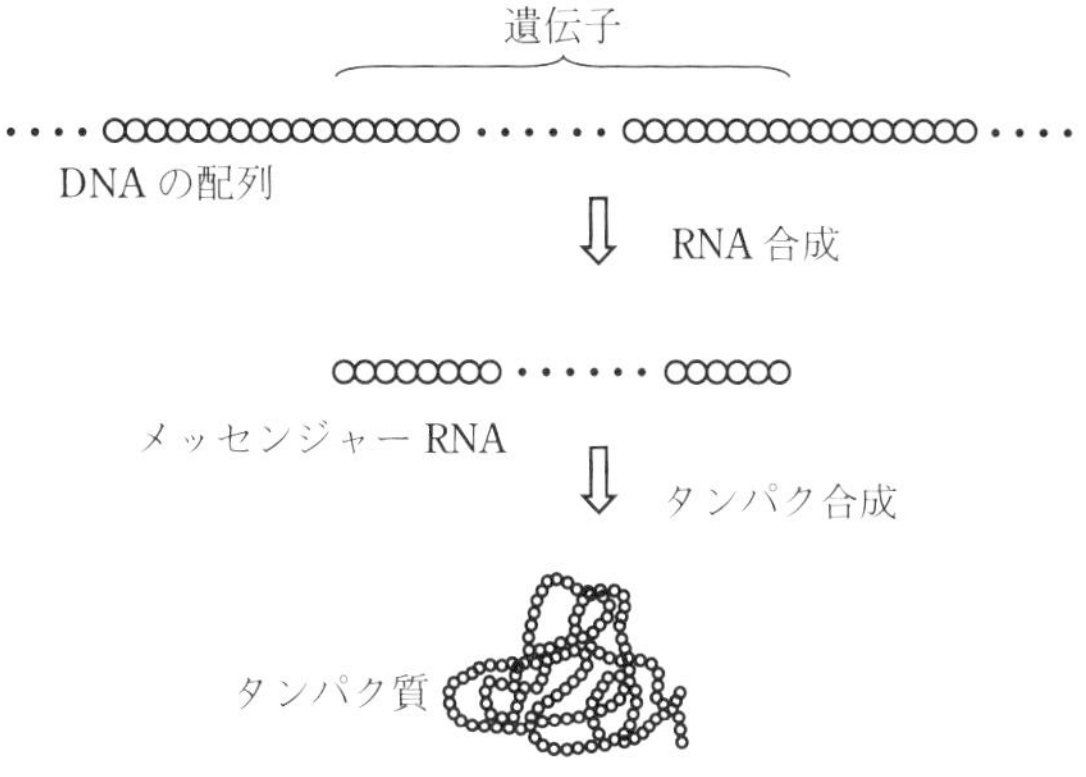

図5　遺伝子とタンパク質の生成

るのかが、およそわかります。

ヒトやネズミやイヌなどでも、すべてのＤＮＡの配列が明らかになっています。その配列から、どんな遺伝子、すなわちタンパク質の設計図があるのかがわかります。タンパク質の設計図である遺伝子の数は、ヒトでは約二万七〇〇〇個ほどあるといわれています。現時点では、ネコのＤＮＡはまだ全部明らかになっていませんが、それでもかなりわかってきています。さらに、ＤＮＡの配列中にある多くの遺伝子の並び方は、ネコとヒトでかなりよく似ています。ヒトとネズミよりもヒトとネコのほうが、もっと似ているのです。ですからヒトのＤＮＡはすべてわかっていますので、ネコとヒトの遺伝子の並び方を比較することによっても、それまでわかっていなかったネコの遺伝子の存在を、ある程度予測し調べるのに役立てることもできます。

遺伝子の変化

最初に書いたように、ＤＮＡはＡ・Ｃ・Ｇ・Ｔの四種類の塩基がつながったものです。遺伝子は「酵素などのタンパク質の設計図」であると書きましたが、このＡ・Ｃ・Ｇ・Ｔの並び方が設計図となります。酵素などのタンパク質は、アミノ酸がつながったものです。このＤＮＡのＡ・Ｃ・Ｇ・Ｔの塩基の並びの中で、三つが一つのセットになって、一つのアミノ酸に対応しています（図

6)。この三つの塩基のセットを「コドン」と呼びます。タンパク質の合成は、ほとんどの場合メチオニンというアミノ酸から始まります。コドンは「ATG」です。タンパク質の設計図はこのATGから始まり、三つずつの塩基のセット、すなわちコドンの並び方で決まります。セリンやグルタミン酸といったアミノ酸には、それぞれ決まったコドンがあり、そのコドンの並び方でタンパク質のアミノ酸の配列が決められているわけです。

タンパク質の合成には、基本的には二〇種類のアミノ酸が使われます。これまではアミノ酸は三つのアルファベットで表記されていましたが、最近ではコンピュータなどで使いやすいように、一文字表記がよく用いられます（表1）。設計図の最後、すなわちタンパク質の終わりは、「終止コドン」と呼ばれるコドンで決まります。この終止コドンには、三

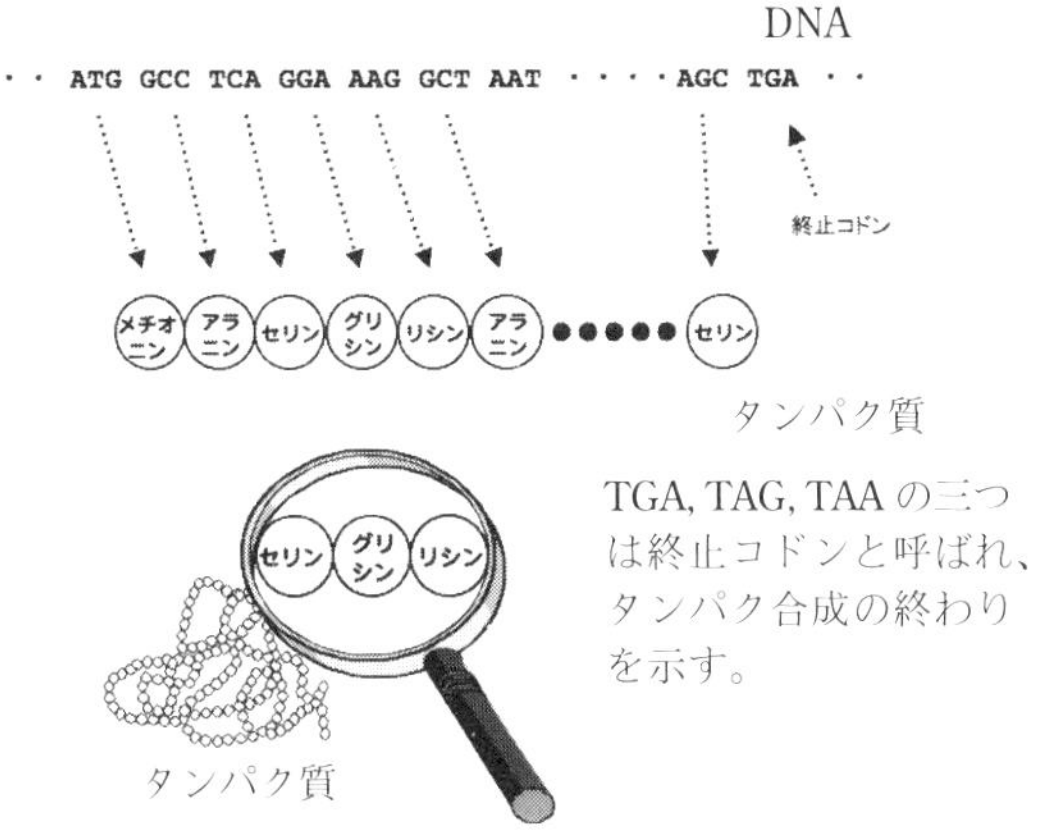

図6　DNAの配列とアミノ酸の配列

表1 アミノ酸の表記法

一文字表記	三文字表記	名前
A	Ala	アラニン
C	Cys	システイン
D	Asp	アスパラギン酸
E	Glu	グルタミン酸
F	Phe	フェニルアラニン
G	Gly	グリシン
H	His	ヒスチジン
I	Ile	イソロイシン
K	Lys	リシン
L	Leu	ロイシン
M	Met	メチオニン
N	Asn	アスパラギン
P	Pro	プロリン
Q	Gln	グルタミン
R	Arg	アルギニン
S	Ser	セリン
T	Thr	トレオニン
V	Val	バリン
W	Trp	トリプトファン
Y	Tyr	チロシン

種類あります（TGA、TAG、TAA）。このコドンがあると、「ここでタンパク質の情報は終わりだよ」という印になります。

このような遺伝子の配列情報は、正確に子孫に伝えられるようになっていますが、ときどき変化することがあります。このような塩基の変化を「変異」と呼びます。長いながい年月をかけて、この変異が蓄積されていくと、少しずつ性質の異なった生物に変化していきます。これが「進化」です。チンパンジーとヒトは、共通の祖先から出発していますが、その祖先から現代まで、五〇〇万年ほどかかっているといわれています。突然ヒトが生まれるわけではないのです。また、ヒトとチンパンジーは別々に進化してきましたので、これから先何百万年経とうと、チンパンジーがヒトになるわけではありません。

しかし短い時間でも、結構見た目が変わってくることがあります。例えば、チワワもグレートデンも同じイヌですが、とても同じ種であると思えないほど、見た目は違っています。しかし、見た目は違っていても、どちらもイヌという同じ「種」です。自然界では、なかなかここまでの変化はそう簡単には起こりません。同じイヌの祖先からチワワやグレートデンができたのは、われわれヒトが、少し変化したイヌの個体をわざわざ選んで残して子孫を作らせ、せっせとその変化を蓄積させた結果です。

このような変化の中でも、最もはっきりしているのが、「毛色」でしょう。自然界の動物では、同じ種の中では毛色はそれほど変わりません。ウマなどのように、白ウマや栗毛、黒いウマなど、若干の毛色の種類はありますが、しかし、例えばシマウマやライオン、キリンなどでは、種の間でほとんど毛色に違いはありませんね。でも実際にはときどき「変異」は起こっているのです。しかし変異によって目立ってしまうと、天敵に襲われやすくなったり、仲間から疎外されて子孫を残せなくなったりして、自然に消滅してしまったりすると考えられます。毛色が違ってもそれが当たり前だと仲間に受け入れられた場合に、白ウマや黒ウマ、また後で出てくる黒ヒョウなどのように、子孫が残せるようになったと思われます。

ＤＮＡの変異とタンパク質の変化

タンパク質のアミノ酸配列は、ＤＮＡ中のコドンによって決まると書きました。もし遺伝子の中の塩基（図７(a)）が別の塩基に代わると（例えば、ＣからＴ）、「コドン」が変化し、対応するアミノ酸も変わってしまうことがあります（図７(b)）。その結果、タンパク質の機能が変わってしまったり、損なわれたりします。また遺伝子の途中の、普通のアミノ酸のコドンが「終止コドン」に変化してしまっても、当然そこでタンパク質の合成は止まってしまいます（図７(c)）。元の正常なタンパク質と比べて、短い配列をもったタンパク質しかできませんので、このような短いタンパク質

(a) 元のDNAと
アミノ酸の配列
・・・TAC GCC CCT GAG CTA AG・・・ DNA情報
- Tyr - Ala - Pro - Glu - Leu -
アミノ酸配列
(タンパク質)
(b) 塩基の変化による
アミノ酸の変化
・・・TAC GTC CCT GAG CTA AG・・・
- Tyr - Val - Pro - Glu - Leu -
(c) 終止コドンに
変化
・・・TAC GCC CCT TAG CTA AG・・・
Stop
- Tyr - Ala - Pro
(d) 塩基の
欠失
・・・TAC GCC CCT GAG CTA AG・・・
Stop
- Tyr - Pro - Leu - Ser
(e) 塩基の
挿入
・・・TACTGCC CCT GAG CTA AG・・・
Stop
- Tyr - Cys - Pro -

図7　DNAの変異とアミノ酸配列

は、ほとんどの場合機能しません。

また遺伝子の途中の塩基が、抜けたりあるいは増えたりすると、三つの組合せがずれてしまい、それ以降のコドンがすべて変わってしまいます（図7(d)、(e)）。その結果アミノ酸配列も大きく変わってしまい、タンパク質の機能に影響を与えます。このような塩基の欠失や挿入で、コドンの組合せがずれる場合は、大抵変化したコドンの近くで、終止コドンができてきます。したがって、そこで途切れた短いタンパク質しかできません。

このようなアミノ酸や塩基の変化は、一般に記号で表されます。例えば、ある遺伝子のDNA配列が変わったために、そのタンパク質の一二六番目のアミノ酸が、グリシンからロイシンに変化したとします。このときこの変化を、**Gly126Leu** あるいは **G126L** と書き表すことがあります（表2）。**Gly** や **Leu** はアミノ酸の三文字表記で、GやLはそれをもっと簡単にした一文字表記（表

表2　変異の表記法

種　類	変異前	変異後	変異場所	一文字表記
アミノ酸	グリシン (Gly)	ロイシン (Leu)	126	G126L
	トリプトファン (Trp)	終止コドン	318	W318X
	アルギニン (Arg)	欠失	184	R184del
塩基	A	C	1276	1276A>C
	A	欠失	1276	1276del
	-	Tの挿入	1277	1277insT

1）です。もし三一八番目のトリプトファンが終止コドンに変わった場合には、Trp318ter、あるいはW318Xと書きます。terあるいはXは終止コドンの意味です。一八四番目のアルギニンのコドンが欠失した場合は、Arg184delあるいはR184delなどと書きます（delの代わりにΔの記号を用いることもあります）。

塩基の変化の場合は、例えば一二七六番目のAがCに変化したときは1276A＞Cと書き、塩基が一個欠失したときは、1276delと書くことがあります。一二七六番目の塩基の次に、Tが一個挿入している場合は、1277insTと表します。これらの表記法は、後で何度か出てきますので覚えておいて下さい。

タンパク質の変化と表現型

前述のように、われわれヒトの細胞には、長いDNAが四六本あります（図4(a)）。ネコでは三八本です（図4(b)）。ヒトでもネコでも、性染色体の二本以外の染色体は、それぞれほとんど同じものが二本ずつありますので、遺伝子も二つずつあることになります。

一組の染色体上にある二つの遺伝子のうち、もし片方が変異によって正常に機能しなくても、もう一つ遺伝子があるので、通常その正常な遺伝子の働きにより、細胞としては正常に機能することができます（図8(a)）。このとき、機能しないほうの遺伝子を「劣性」、機能するほうを「優性」と呼びます。両方の遺伝子が変異して、初めて細胞になんらかの影響が出ます（図8(b)）。また、遺伝子の変異によって生じたタンパク質が、まったく機能しないのではなくて、正常なタンパク質にはなかった機能を示すこともあります。このとき、正常な遺伝子があっても変異した遺伝子によるタンパク質の影響のほうが大きい場合、変異した遺伝子のほうが「優性」となります（図8(c)）。このような優性や劣性を示す遺伝子の型を「遺伝子型」といいます。

もし二つの遺伝子がともに正常に機能しなくなった場合や、変異した遺伝子によるタンパク質の影響が大きい場合、当然その結果細胞にとってなんらかの影響が出るはずです。それは見かけだ

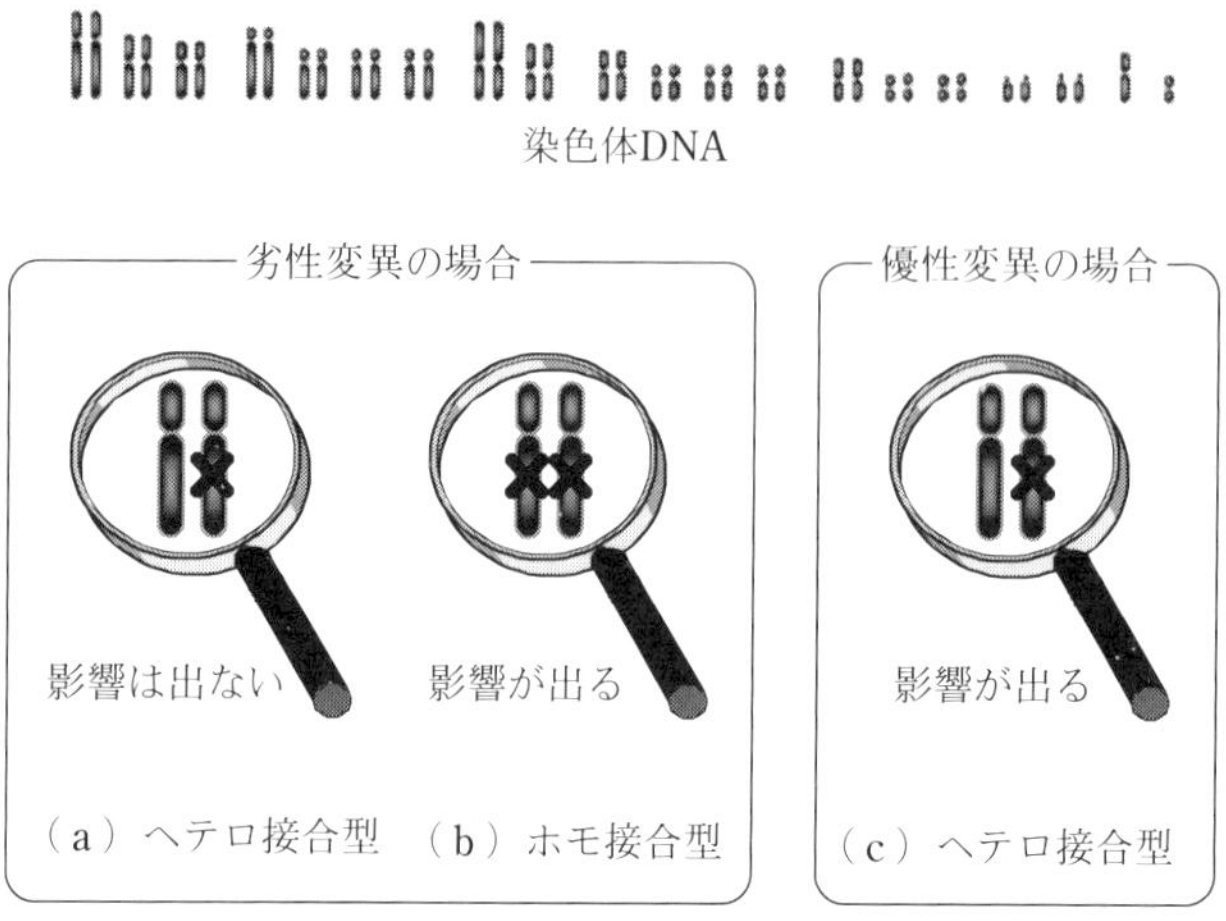

図8　DNA変異による表現型への影響

けではわからない場合も多く、詳しく調べてみると、ある化合物に反応しなくなったというような場合もあります。一方、難しい測定などしなくても、もっと簡単に明らかに見てわかる性質を示すこともあります。例えば、「普通は茶色であるはずの毛の色が白い」などというのもそうです。このような遺伝子の変化によってもたらされる性質を「表現型」といいます。遺伝子の変化が子孫に伝わり、したがってその表現型も子孫に伝わります。このときの遺伝の様式が、「メンデルの法則」としてよく知られています。

真核生物は遺伝子を二つずつ持っていますので、両方とも正常、あるいは両方とも同じ変異をした遺伝子を持つ場合を「ホモ接合型」、そしてその個体は「ホモ接合体」といいます（ともに野性型の場合や図8(b)）。一方、一組の遺伝子の片方だけが変異している、あるいは変異の仕方が異なる遺伝子の組合せ（図8(a)や(c)）の場合を「ヘテロ接合型」、その個体は「ヘテロ接合体」といいます。これは後で重要となりますので、覚えておいて下さい。

このヘテロ接合型の場合、通常は優性の表現型が現れますが、その他に、優性の表現型と劣性の表現型の中間の性質を示す場合と、優劣はなく両方の遺伝子による表現型をともに示す場合もあります。前者を「半優性」、後者を「共優性」といいます。半優性で有名なのは、馬の栗毛です（図9）。栗毛の馬にMATPという遺伝子の変異がホモ接合型で加わると栗佐目毛という、ややクリーム色がかった白になります。MATP遺伝子が野性型と変異型のヘテロ接合型の場合、栗毛と

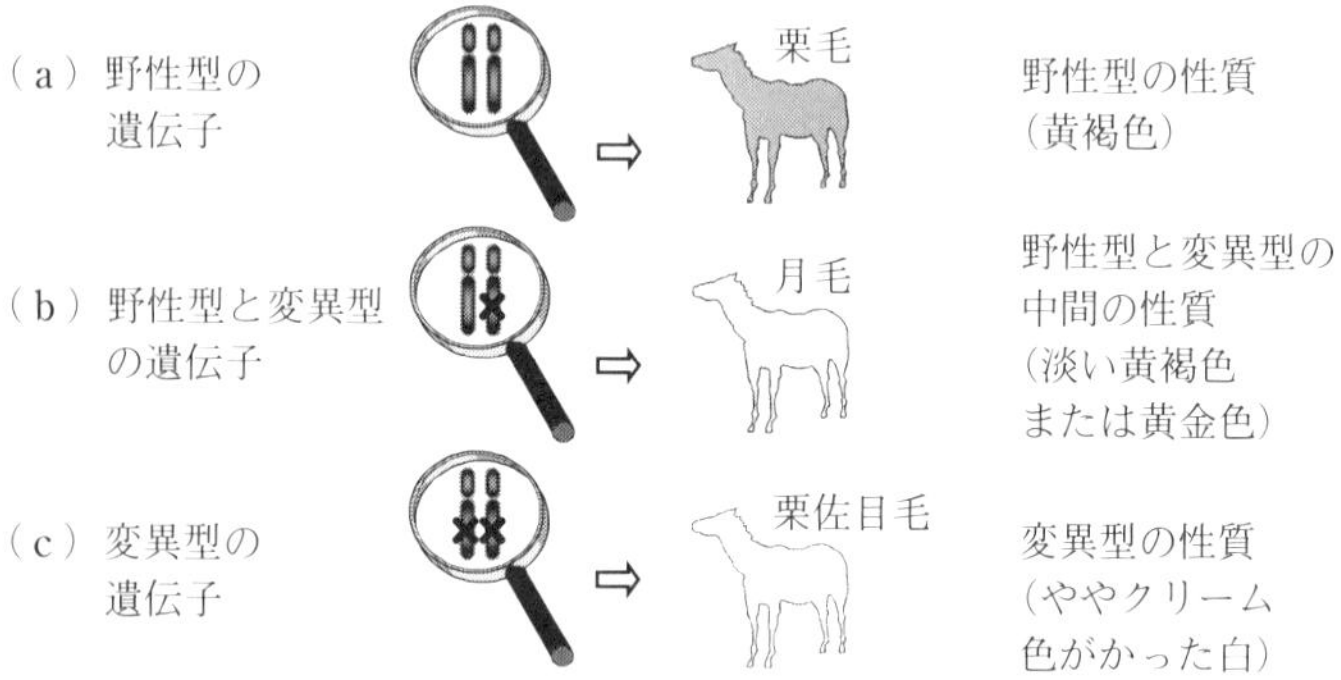

図 9　半優性の例

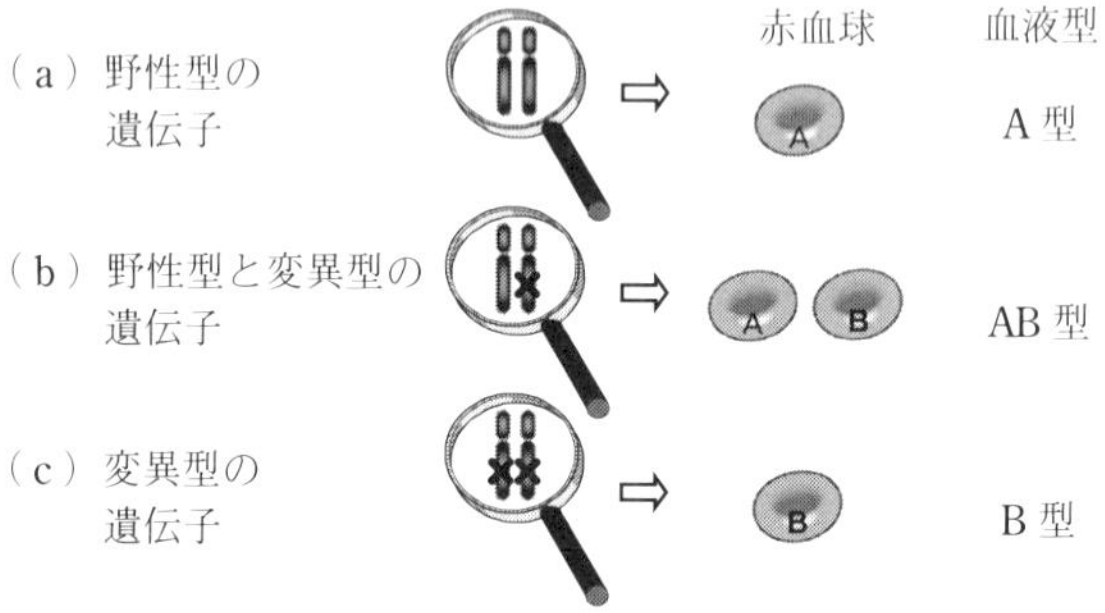

図 10　共優性の例

佐目毛の中間の色である、月毛と呼ばれる淡い黄褐色または黄金色の毛色になります。ちなみにこのＭＡＴＰという遺伝子は、ヒトの眼皮膚白皮症という色素異常の病気の原因遺伝子として、九章で出てきます。

共優性で有名なのは、皆さんもよくご存知のヒトの血液型の遺伝子です（図10）。Ａ型をもたらす遺伝子とＢ型をもたらす遺伝子の両方を持つ場合、両方の性質を持つＡＢ型になるのはよく知られていますね。血液型を決める遺伝子については、また改めて十章で述べます。半優性や共優性はこの後も何度も出てきますので、しっかり理解しておいてください。

2　ネコの毛色変異

ネコの品種と系統樹

現在シャムネコやペルシャネコなど、さまざまな「品種」のネコがいます。およそ一〇〇年前頃から、ネコのブリーダーたちによって、独特の体型や毛色を持つ、さまざまなネコが作り出され、品種として確立されてきました。品種として確立されていないネコも含めて、これらは生物学的には「イエネコ」と呼ばれ、野性のリビアヤマネコを家畜化したものとされています。つまり、先祖は同じです。

理科の教科書で、「進化系統樹」というのを見たことがあると思います。さまざまな生物のうち、どれとどれが共通の祖先から派生したのか、どの生物がより近い近縁関係になるかなどを表した図です。樹を逆さまにしたような形から、系統樹と呼ばれていました。以前は形態的な特徴や、生理学的な特徴により分類していました。現在は、DNAの配列を比べることによって、より正確にどれとどれが近い親戚なのか、どのグループが共通の祖先から派生したのかなどを知ることができます。

さまざまなネコの品種も、DNAの配列を用いて親戚関係を推定することができます。最近の研究例で、三八種のネコの品種について作成された系統樹があります。本来の系統樹では棒線の長さにも意味があり、分岐点までの長さが各々どれくらい似ているのかを定量的に示します。しかしここではわかりやすくするために、棒線の長さに意味を持たさずに示してみました（図11）。どの品種とどの品種がDNAレベルで似ているか、近縁関係のみを単純に比べて下さい。

この系統樹では、品種によっては一般によく伝えられているその品種の由来をきちんと反映している場合もありますし、またそうでない例もあります。例えば、アビシニアンの突然変異としてソマリが、またアメリカンショートヘアの突然変異としてアメリカンワイアーヘアが生じたとされています。図11を見ると、これらはそれぞれ一番近い近縁種として位置づけられています。またバーミーズを基にして、シャムとの掛合せからトンキニーズが、アメリカンショートヘアとの掛合せからボンベイが生まれたとされています。

また、ペルシャと他の品種との掛合せで、ヒマラヤンやエキゾチックショートヘアが、シャムと

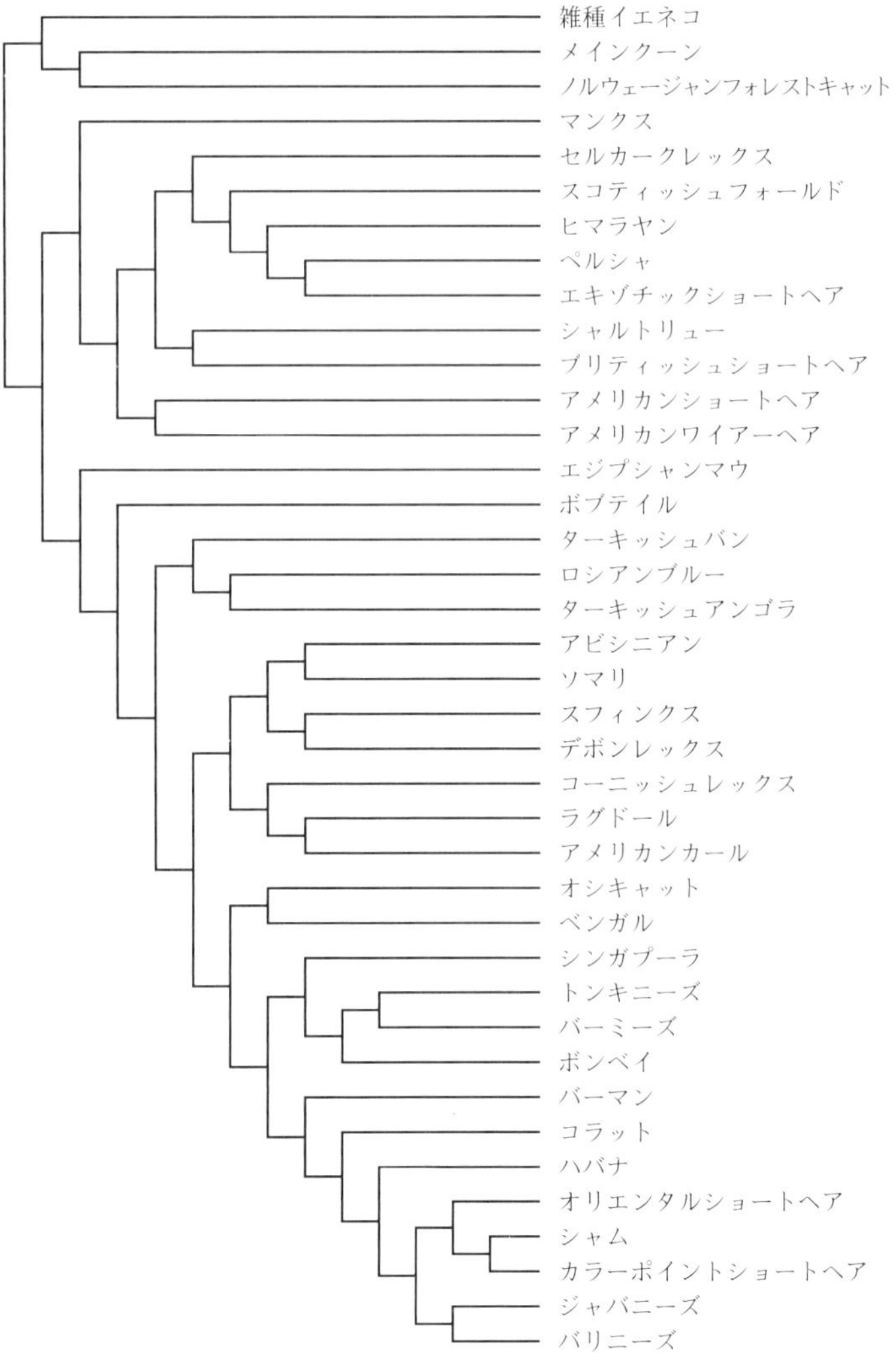
雑種イエネコ
メインクーン
ノルウェージャンフォレストキャット
マンクス
セルカークレックス
スコティッシュフォールド
ヒマラヤン
ペルシャ
エキゾチックショートヘア
シャルトリュー
ブリティッシュショートヘア
アメリカンショートヘア
アメリカンワイアーヘア
エジプシャンマウ
ボブテイル
ターキッシュバン
ロシアンブルー
ターキッシュアンゴラ
アビシニアン
ソマリ
スフィンクス
デボンレックス
コーニッシュレックス
ラグドール
アメリカンカール
オシキャット
ベンガル
シンガプーラ
トンキニーズ
バーミーズ
ボンベイ
バーマン
コラット
ハバナ
オリエンタルショートヘア
シャム
カラーポイントショートヘア
ジャバニーズ
バリニーズ

図11　ネコの品種の系統樹

他の品種との掛合せから、オリエンタルショートヘアが生まれたとされています。また、デボンレックスからはスフィンクスが作られたとされています。これらのことなども、系統樹の結果と一致しています。一方、これまでいわれている由来（諸説ありますが）とは相容れない結果もあります。例えばオシキャットはシャムとアビシニアンから作られたとされていますが、どちらとも似ていません。系統樹と品種の関係については、さらに詳しいDNA研究の結果を待つ必要があります。

古典的ネコの毛色遺伝子

さて、19世紀末頃からのネコのブリーダー達による品種改良の結果、ネコの毛色を司る遺伝子としては、w、o、A、B、C、D、T、i、sの九種がよく知られています。

これらの遺伝子の組合せによって、茶トラのネコとか黒ネコなどが生まれます。この他にも、長毛種・短毛種という、毛の長さを決めている「L」遺伝子もあります。これらの毛色に関わる九種の遺伝子について、「ネコと遺伝学」にも当時わかっていた範囲で解説していますが、この本では、これらの毛色の遺伝子に関して、さらに最近明らかになってきたことを基に、もっと「遺伝子レベル」での解説をしたいと思います。

遺伝子レベルというのは遺伝情報、すなわちDNAの情報のことです。遺伝子の変化、すなわち

DNAの配列の変化によってタンパク質のアミノ酸配列が変化し、その結果さまざまな形質、例えばこの場合毛の色などが決まります。これらの毛色の遺伝子について、どのようなDNAの変化によってどのような毛色になるのかが、最近かなり詳しくわかってきています。この後で、それについて順次説明していきます。また遺伝子レベルの研究によって、これ以外の今まで知られていなかったネコの毛色に関わる新しい遺伝子も見つかっていますので、それについても解説します。

最新の情報を解説する前に、ここでもう一度これらの毛色遺伝子について、簡単に復習をしておきましょう。

キジネコ（図12）、茶トラ、黒ネコや斑（ぶち）ネコなど、さまざまな毛色のネコがいますが、本来の毛色（これを野性型といいます）はキジネコ（英語では魚のサバの縞模様に似ているところから mackerel tabby（サバトラ）と呼びます）です。黒っぽい茶色の、縦縞の入ったネコの毛色です（縦縞から striped とも呼びます）。これが元々の家畜化される前のネコの毛色のパターンです。

何度も出てきましたが、遺伝子は二組ずつありますので、前述の野性型の遺伝子を記号で表すと、ww、o、A-、B-、C-、D-、T-、ii、ssとなります。「A-」などと表すのはAAまたはAaのことで、「-」はAまたはaのどちらでもよいという意味です。Aが野性型で優

図12　野性型の毛色のネコ

性、ａが変異型で劣性です。野性型のＡが一つあれば、もう一つはＡでもａでも（すなわちＡＡかＡａ）野性型の表現型を示すという意味です。

ｗとｉとｓは、イエネコで通常見られる野性型のほうが劣性です。したがって野性型はｗｗですが、優性である変異型の遺伝子Ｗを持つ個体（すなわちＷｗあるいはＷＷの遺伝子を持つ個体）は、変異型の表現型を示します。ｏ遺伝子だけは特殊で、これについては後述します。

このように、ｗ遺伝子を持つ野性型のネコは、通常のキジネコなどですが、変異型のＷ遺伝子（大文字のＷは white（白）に由来します）があると白ネコになります。この遺伝子はＢ１染色体上のＫＩＴ遺伝子付近にあることがわかっており、おそらくこの遺伝子の変異だと思われますが、正確にはまだ決定されていません。普通の野性型のネコはｗｗ（どちらも小文字）です。大文字のＷで表される遺伝子を一つでも持っていると、白ネコになります。すなわちＷｗとＷＷが白ネコです。Ｗがあると、他の毛色遺伝子が何であろうと、白ネコになります。

次に、ｏは茶色ネコの色を決めている遺伝子で、オレンジ（orange）のｏからきています。野性型は小文字のｏで表される遺伝子を持っており、キジネコや黒ネコの色になりますが、大文字のＯで表される遺伝子を持っていると、茶色の毛色になります。この遺伝子のユニークな特徴は、雌雄を決めている性染色体のうちのＸ染色体上にあることです。

雄はＸＹで雌はＸＸであることは前に述べました。このｏ遺伝子はＸ染色体上にあり、だいたいの位置はわかっていますが、まだ遺伝子は同定されていません。X染色体にあるので、雄の場合、oYかOYのどちらかです。oYの場合、キジネコか黒ネコになります。どちらになるかは、他の遺伝子によって変わりますが、OYのときは他の遺伝子に関わりなく茶色の毛色になります。雌の場合はX染色体が二つですので、oo、OoまたはOOです。ooのときはキジネコか黒ネコで、OOのときは茶色のネコです。しかし、Ooのときは少し複雑で、これが二毛のネコあるいは三毛ネコの毛色を決めています。

ネコのo遺伝子と同じように、X染色体上にあって毛色を茶色にする変異遺伝子を持つ生物は、他にはゴールデンハムスターが知られているだけです。こちらも二毛や三毛になりますが、やはりまだ遺伝子は同定されていません。このように、O遺伝子は非常に興味をそそられる遺伝子です。このO遺伝子やW遺伝子についてもっと知りたい方は、「ネコと遺伝学」を読んでください。

A遺伝子はアグチ（agouti）タンパクと呼ばれるタンパク質の遺伝子です。A3染色体上にあり、DNA配列の解析は、非常に進んでいます。アグチタンパクは、黒メラニンを作るか茶メラニンを作るかを決めているタンパク質です。毛が成長して伸びる際に、毛先から根本にかけて黒・茶・黒の毛色のパターンを持つ動物が、ネコやネズミなど、数多く知られています。この三層の色分けは、「アグチパターン」と呼ばれています。このパターンを決めているのが、アグチタンパクです。アグチタンパクが機能すると、茶メラニンが作られます。逆にアグチタンパクが機能しないと、茶メラニンは作られずに、毛の色はすべて黒くなります。

アグチタンパクの野性型遺伝子はAで表され、変異型はaで表されます。Aはaに対して優性ですので、AAまたはAaすなわちA－で、野性型のキジネコの毛色になります。両方が変異型aのaaのとき、黒ネコになります。ネコ以外にも真っ黒な動物がいますが、それらのA遺伝子についても詳しく調べられており、それについては三章で解説します。

B遺伝子はbrown（茶色）のBで、この遺伝子が変異した場合は、毛色は薄いこげ茶色のようになります。遺伝子の変化もいくつかのタイプがあります。D4染色体上にあり、チョコレートタイプやシナモンタイプと呼ばれる毛色は、この遺伝子の変異です。ハバナやアビシニアンなどでよく知られています。

C遺伝子は色（color）からきており、メラニン色素（黒メラニンも茶メラニンも含めて）を作る最初の酵素であるチロシナーゼの遺伝子です。D1染色体上にあり、この遺伝子の研究はヒトも含めて、多くの生物について非常に進んでいます。C遺伝子が機能しなくなった場合、色素がまったく作れませんので、毛の色は白くなります。これがアルビノ（白子）と呼ばれる、ヒトも含めて多くの動物に見られる遺伝子の変異です。ただネコに関しては、通常よく見かける白ネコは、先ほど述べたW遺伝子によるものです。ネコではC遺伝子によるアルビノはまれですが、その代わり、同じくC遺伝子の変異型である、シャムなどに見られる「ポイントカラー」や「バーミーズタイプ」と呼ばれる毛色が有名です。これらの変異遺伝子や、まれではありますが、ネコのアルビノをもたらすC遺伝子の変異型については五章で解説します。

Ｄ遺伝子が変異したｄｄの場合には、毛色が薄くなります。dilute（淡い）のＤからきていて、ロシアンブルーなどが有名です。この遺伝子に関しても、最近かなり詳しくわかってきました。Ｄ１染色体上にあります。黒い毛色にこの変異が加わると「ブルー（実際にはグレーですが）」に、茶（オレンジ）にこの変異が加わると「クリーム」になります。

Ｔ遺伝子は毛の色そのものではありませんが、体全体の斑模様（tabby）を決めている遺伝子です。ネコの斑模様は大きく分けて、アビシニアンタイプ（ticked tabby）、縦縞（マッカレルタビー）、渦巻き模様（ブロッチドタビー）と、斑点（スポッテッドタビー）の四種があります。渦巻き模様はヨーロッパに多いタイプで、クラシックタビーとも呼ばれています。斑点はオシキャットやエジプシャンマウが有名です。

一〇〇年近く前の研究で、アビシニアンタイプと縦縞と渦巻き模様は同じ遺伝子の変異であることが示され、アビシニアンはT^a、縦縞はT、渦巻き模様はt^bで表されていました。T^a＞T＞t^bの順で優劣が決まり、T^aが一つでもあるとアビシニアン、ＴＴまたはＴt^bは縦縞で、t^bt^bが渦巻き模様となるとされていました。これまでずっとこの報告による遺伝様式が信じられていました。しかしごく最近の研究で、縦縞と渦巻き模様は同じ遺伝子の変異ですが、アビシニアンは異なる遺伝子

（Ti）によることが明らかになりました。TはA1染色体に、TiはB1染色体上にあることがわかっています。TとTiの他に、さらに一つあるいはそれ以上の遺伝子が関与して、縞模様が斑点に変化すると推測されています。最近、Tの遺伝子が明らかになりましたので、これについては八章で少し詳しく説明します。

ｉ遺伝子は野性型のｉに対して優性のI変異があり、これがあると色素合成が阻害（inhibit）され、毛色が薄くなります。ｉの遺伝子名はinhibitからきています。SILVER変異とも呼ばれ、黒ネコにこの変異が加わると「スモーク」になります。SILVER変異は、ネズミ、イヌ、ウシ、さらにはニワトリやゼブラフィッシュにもみられる変異です。ネズミなどのSILVER変異はＳＩＬＶ遺伝子（またはＰＭＥＩ１７遺伝子とも呼ばれる）の変異ですが、ネコのｉ遺伝子は、これとは違うようです。Ｄ２染色体上にあることがわかっていて、約十七個の候補遺伝子があげられています。この中に、他の生物で毛色に関わっていることがわかっている遺伝子は含まれていません。ただ一つだけ、その類縁体がウマやネズミで毛色の濃淡に関わっていることがわかっている遺伝子がありますので、これかもしれません。

ｓ遺伝子は斑模様（白斑）を決めている遺伝子で、spot（斑点）に由来し、Ｂ１染色体上にあります。野性型のｓｓのネコでは斑はありませんが、優性変異型のＳ遺伝子が一つでもあると、斑模様ができます。ＳｓよりもＳＳのほうが、白斑の範囲が広いようです。しかしその白斑の広がり方はさまざまで、身体の大部分が白の斑ネコもいますし、ごく一部が白の斑ネコもいます。まだわかっていない他の遺伝子によっても、大きく影響されるようです。イヌやウシなど、多くの生物で白斑が見られます。関与する遺伝子も複数あるようで、少々複雑です。ある生物ではKITという遺伝子が関与しているようですが、ネコについてはまだはっきりとしていません。

以上、簡単に説明してきたこれらの遺伝子のうち、A、B、C、D遺伝子について、最近明らかになったDNAの配列と毛色の関係について、この後解説したいと思います。またヒトやネズミなどで、毛色に関わることがよく知られているE遺伝子というのがあります。ネコではこれまで知られていませんでしたが、最近ネコでもこのE遺伝子が関与する毛色が見つかりました。その他、毛の長さを決めている遺伝子や、さらに毛がカールしたり、あるいはなくなったりする遺伝子についても詳しく解説します。またヒトの毛色遺伝子と病気との関わり、あるいは毛色とは直接関係ありませんが、血液型や味覚の遺伝子などについても触れたいと思います。

メラニン合成

毛色に関わる遺伝子の話をする前に、まずメラニンという色素が、どのようにして作られるのか理解しておく必要があります。まえがきにも書いたように、メラニン色素は、色素細胞という特殊な細胞の中で作られます。色素細胞が正常に発達しないと、もちろんメラニン色素はできません。その例がw遺伝子の変異です。優性のW遺伝子変異の場合、その遺伝子産物であるタンパク質の影響で、色素細胞が正常に発達しません。したがって、メラニン色素も作られなくなり毛は白くなります。ほとんどの白ネコがこのタイプです。Wの場合メラニン色素はできないので、毛色を決めている他の遺伝子がどのようなタイプであろうと関わりなく、全身の毛色は白くなります。

また、毛の成長と色素細胞は密接な関係があります。白ネコは聴覚異常を示すことが多いことで有名です。音は空気の振動なので、音を聞いて脳に信号として伝えるためには、空気の振動という物理的な現象を、電気信号に変える必要があります。この変換を司るのが有毛細胞で、内耳にある蝸牛という器官の中にあります。W変異の白ネコでは、色素細胞の発達異常が有毛細胞の発達にも大きく影響して、聴覚障害を引き起こすと考えられます。

メラニン色素は、色素細胞の中のメラノソームという小器官で作られます。ここで作られる黒メラニンと茶メラニンのどちらのメラニン色素も、アミノ酸の一種であるチロシンを出発原料として作られます（図13）。最初の反応は共通で、チロシナーゼという酵素が働きます。その遺伝子はTYRと表します。ですから、このチロシナーゼ酵素が機能しないと、黒メラニンも茶メラニンもまったく作ることができないので、この場合も毛色は白になります。いろいろな動物で見られる「白子」と呼ばれる現象です。先にも述べたように、ネコの場合はW遺伝子の変異による白がほと

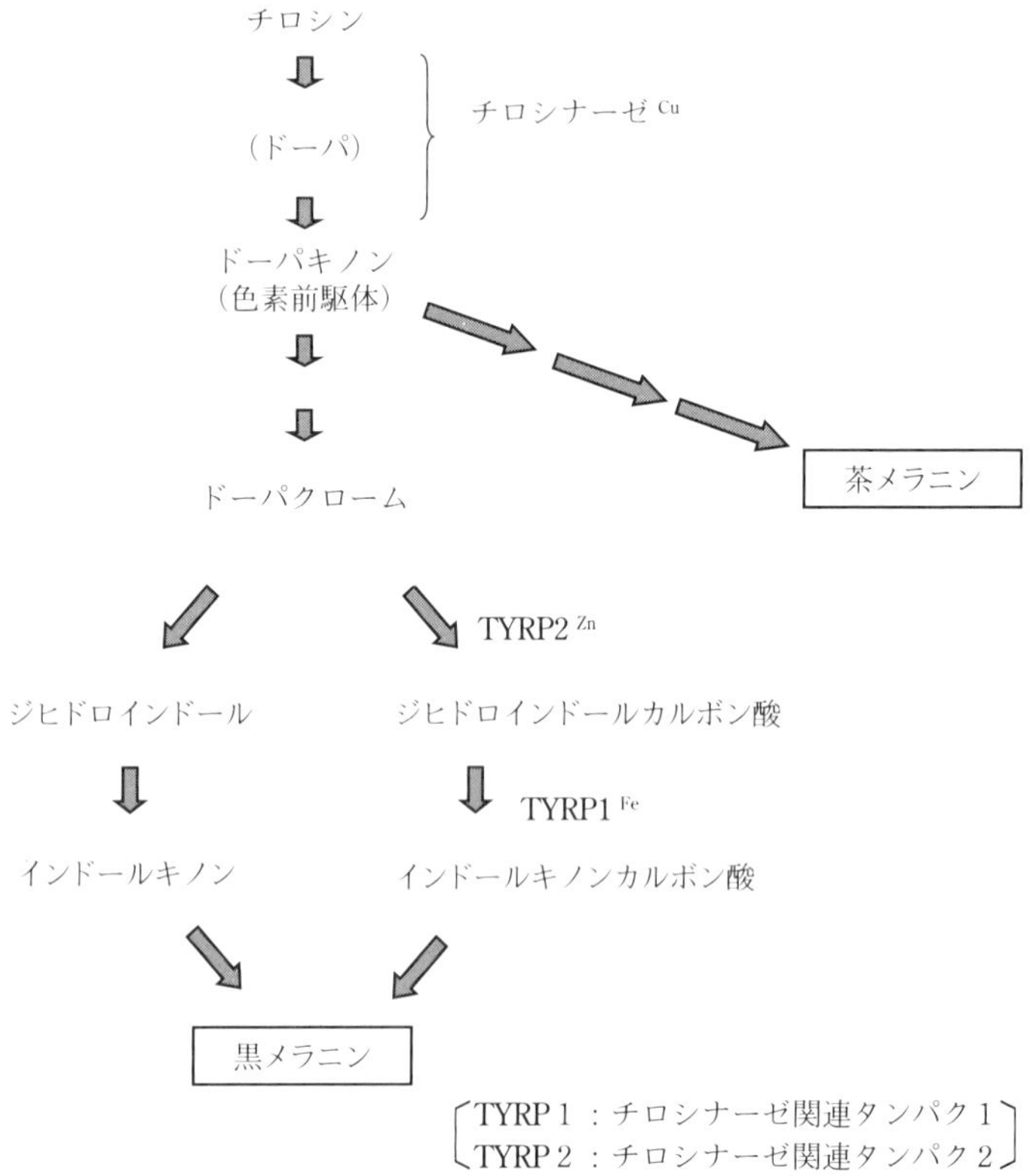
チロシン
チロシナーゼ Cu
（ドーパ）
ドーパキノン
（色素前駆体）
ドーパクローム
茶メラニン
TYRP2 Zn
ジヒドロインドール
ジヒドロインドールカルボン酸
TYRP1 Fe
インドールキノン
インドールキノンカルボン酸
黒メラニン
TYRP 1 ：チロシナーゼ関連タンパク 1
TYRP 2 ：チロシナーゼ関連タンパク 2

図 13　メラニン色素の生合成経路

んどですが、このチロシナーゼの欠損による白ネコの例も、非常にまれですが、最近明らかになったので五章で紹介します。

　チロシンから作られた物質が、さらにいろいろな酵素によって変換されてメラニンができます。この反応の途中で、黒メラニンと茶メラニンのどちらを主として作るかを決めている「スイッチ」があります。そのスイッチの要になるのが、メラノコルチン1受容体（MC1R）と、先に出てきたアグチタンパクという二つのタンパク質です（図14）。MC1Rは、色素細胞刺激ホルモン1（メラノコルチン1）が結合するタンパク質として知られていました。ホルモンというのは、特定の組織で作られ体内を移動して、標的細胞に作用する物質のことです。メラノコルチン1

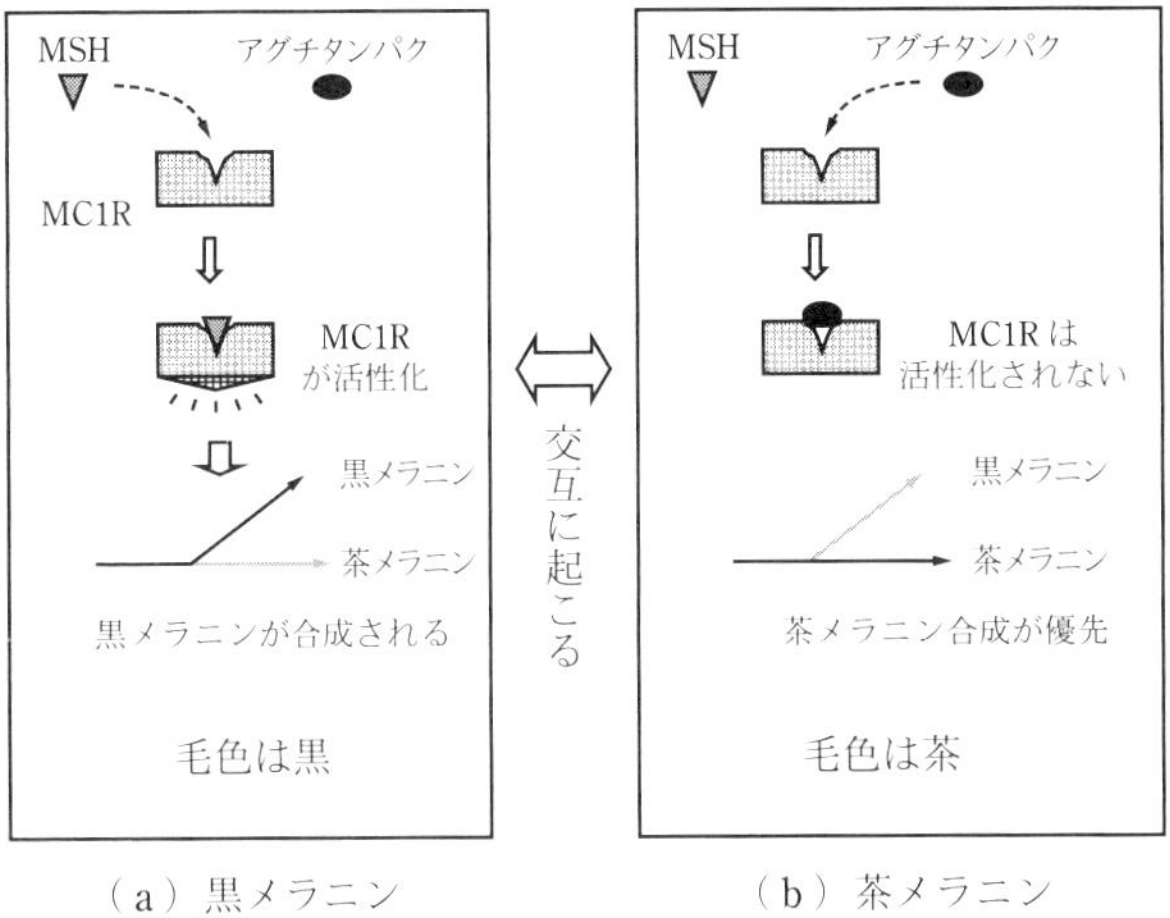

（a）黒メラニン　　（b）茶メラニン

図14　メラノコルチン1とアグチタンパクの作用（MSH：メラノコルチン1／MC1R：メラノコルチン1受容体）

が結合すると、ＭＣ１Ｒは黒メラニンを作るためのシグナルを出します（このシグナルは、実際には「サイクリックＡＭＰ」と呼ばれる化合物です）。

アグチタンパクは、このメラノコルチン１（ＭＳＨ）の働きの邪魔をし、その結果、茶メラニンが優先的に作られると考えられています。しかし最近の研究では、メラノコルチン１を作れないネズミでも黒メラニンができるので、メラノコルチン１がなくても、もともとＭＣ１Ｒは黒メラニンを作るシグナルを出せるのか、あるいはメラノコルチン１以外のホルモンも作用しているのかもしれません。しかしいずれの場合でも、アグチタンパクが作用すると茶メラニンができ、アグチタンパクがないと、黒メラニンだけになります。したがって、毛色はそれぞれ茶と黒になります（図15(a)）。

また、ネコでは知られていませんが、他の動物では、アグチタンパクは正常であっても、ＭＣ１Ｒのほうがアグチタンパクを結合できない変異型の存在も知られており、やはりつねに黒メラニンだけが作られます（図15(b)）。逆に、メラノコルチン１が結合できないか、あるいはＭＣ１Ｒタンパクが機能しないかタンパク質そのものができなくなるなどのＭＣ１Ｒの変異も知られていますす（図15(c)）。この場合いつも茶メラニン合成が優先されるので、毛色は茶になります。これは「Ｅ変異」と呼ばれています。すなわち、同じＭＣ１Ｒの遺伝子の変異ですが、つねに黒い毛になる場合や、つねに茶色になる場合があるのです。具体的な例は後述します。

チロシナーゼとよく似た酵素タンパク質は他にも二つ見つかっており、チロシナーゼ関連タンパク１（ＴＹＲＰ１）とチロシナーゼ関連タンパク２（ＴＹＲＰ２）と呼ばれています（図13）。どちらもやはりメラニン色素の合成、特に黒メラニンの合成に関与しています。これらのタンパク質は、アミノ酸配列が非常に似ているので共通の祖先から進化したと考えられます。チロシナーゼと、ＴＹＲＰ１、ＴＹＲＰ２はいずれも金属を含む酵素です。おもしろいことに、それぞれのタンパク質に結合し活性に重要であると思われる金属が、チロシナーゼは銅、ＴＹＲＰ１は鉄、ＴＹＲＰ２は亜鉛と異なっています。

Ｂ変異は、このＴＹＲＰ１の変異です。チロシナーゼによってチロシンから作られた色素前駆体（ドーパキノン）は、図13に示すように、茶メラニンへと変換される経路と、ＴＹＲＰ１、２が関与する黒メラニン

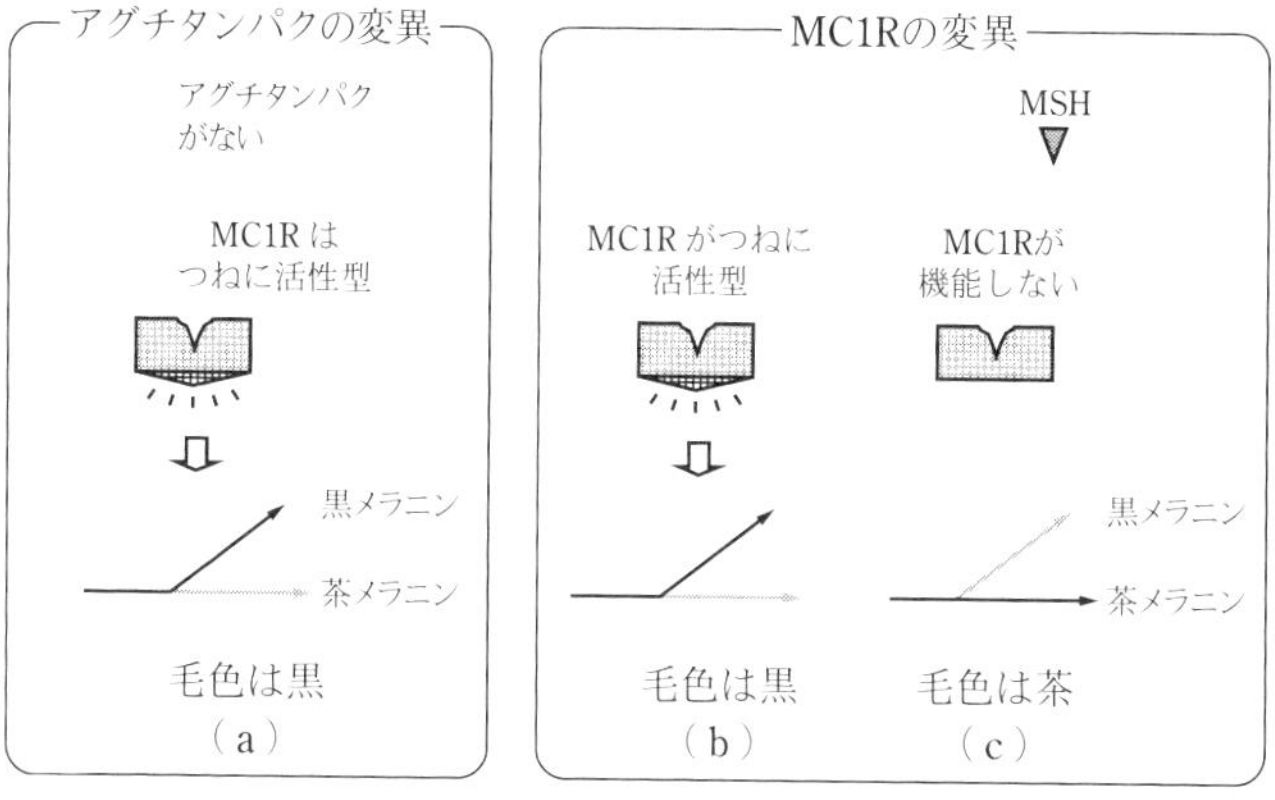

図15　アグチタンパクとMC1Rの変異

が合成される経路に分かれます。したがって、ＴＹＲＰ１、２が機能しないと、黒メラニンの生成が低下し、毛色が薄くなります。

メラニン色素の輸送

色素細胞には、メラノソームと呼ばれる特徴的な細胞内小器官があります。メラニン色素はこのメラノソームで作られます。メラニンが作られつつ、メラノソームは色素細胞の端まで移動します。そしてそこから、メラニン色素のかたまり（メラニン顆粒）が別の細胞へと受け渡されます。メラノソームは細胞内をアクチン繊維に沿って移動します。アクチン繊維は、細胞内に網目状に存在するタンパク質で、色々な物質がこの繊維をレールのように使って運ばれます。

メラノソームがこのアクチン繊維に沿って動くとき、主として三つのタンパク質が必要です。ミオシンＶａ、ＲＡＢ２７Ａ、そしてメラノフィリンというタンパク質です（図16）。ミオシンＶａは、メラノソームがアクチン繊維の上を動くのに必要なモーター、あるいはトロッコのようなものです。ＲＡＢ２７Ａタンパクは、メラノソームの表面にあるタンパク質です。メラノフィリンはＲＡＢ２７ＡタンパクとミオシンＶａをつなぐ働き、すなわちメラノソームという荷物をトロッコに結びつける役割を担っています。

この三つのタンパクのうち、どれがかけてもメラノソームはうまく運ばれません。そのようなとき、メラニン色素は大きなかたまり、あるいは不均等なかたまりになり、皮膚や毛に運ばれていきます。この不均一性の結果、色は薄く見えるのです。全体のメラニン色素の量は同じでも、より大きな不規則なかたまりになっていると薄く見えます。

このように、色素細胞で色素が合成され、毛に運ばれて毛色として観察されるまでに、さまざまなタンパク質が関与していますが、三章ではこれらの毛色に関わるいくつかのタンパク質が、どのように変化して、その結果どのような毛色が生じるのか、一つずつ詳しく見ていきましょう。

図16　メラノソームの細胞内輸送

3　A変異はアグチ遺伝子

アグチパターン

野性型の毛色はアグチパターン（毛の根本から先端にかけての、黒・茶・黒のパターン）を持っていますが、このA変異により茶メラニンはできなくなり、毛色は黒くなります。後で説明しますが、アダムからすべての人類が始まったというキリスト教の聖書のお話のように、世界中の黒ネコも、一匹の先祖から始まったのかもしれません。この黒ネコの遺伝子の話に入る前に、アグチパターンの制御について、もう一度おさらいをしておきましょう。

これまでに述べてきたように、黒や茶色のアグチパターンはアグチタンパクとメラノコルチン1受容体（MC1R）によって決まります。ネコのアグチタンパクは、一三五個のアミノ酸がつながったホルモンです。アグチタンパクがMC1Rに結合することにより、黒メラニンと茶メラニンのどちらを作るかを調節しています。メラニン色素を作る細胞である色素細胞の表面にあるMC1Rに、通常はメラノコルチン1が結合して、細胞に黒メラニンを作るように指令します（図14ⓐ）。しかし、このMC1Rにアグチタンパクが結合すると、その黒メラニンを作れという命令が邪魔をされ、茶メラニン（赤っぽい茶）ができます（図14ⓑ）。野性型のネコでは、アグチタンパクが一定時間作用したり、またしなかったりすることで、黒と茶の縞の毛ができ、全体として「キジネコ」と呼ばれる黒っぽい縞模様のネコができます。したがって、繰返しになりますが、アグチタンパクがない、あるいはタンパク質としては存在しても、受容体に結合できないような、機能しないタンパク質のときには、いつも黒メラニンだけが作られます。したがって毛はすべて黒色になります（図15ⓐ）。これが一般によく見られる黒い毛の原因です。

一方、まともなアグチタンパクがあっても、MC1Rタンパクに異常があり、アグチタンパクが結合できない場合でも、つねに黒メラニンを作れという命令のままになり、この場合でもやはり黒い毛のみとなります（図15ⓑ）。

これらとは逆に、MC1Rタンパクがないか、あるいはタンパク質としては存在してもまともな機能を持たない場合や、またおかしなタンパク質になってしまって、アグチタンパクがいつもMC1Rタンパクに結合してしまっているような場合もあるかもしれません。これらの場合には、つねに茶メラニンが作られます（図15(c)）。

ではＭＣ１Ｒタンパクにも、アグチタンパクにも、ともに変異があるときはどうなるのでしょうか。この場合、アグチタンパクがどのようなタイプであれ、ＭＣ１Ｒタンパクに依存したメラニンの色ができます。ＭＣ１Ｒの変化による影響のほうが、アグチタンパクの変化による影響よりも優先されます。これを、ＭＣ１Ｒの変異はアグチタンパクの変異よりも上位にある（epistatic）といいます。白ネコの原因であるＷ遺伝子の変異が、ａ遺伝子（キジや黒）やｂ遺伝子（チョコレートやシナモン）やｃ遺伝子（シャムやバーミーズ）による毛色の変化よりも優先されるのと同じです。

さて、ネコ科と呼ばれる動物には、一般に三七の種が知られています。イエネコはもちろんですが、ネコ科の動物としてよく知られているものに、ライオン、トラ、チーター、ジャガー、ヒョウなどがいます。そのほかに、ボルネオヤマネコ、スペインヤマネコ、ヨーロッパヤマネコ、ベンガルヤマネコ、マレーヤマネコなど、またイリオモテヤマネコも一つの新しい種として数えられているのは有名です。スナネコ、クロアシネコ、サビイロネコ、スナドリネコ、といったおもしろい名前のネコもいます。カラカル、マーゲイ、サーバル、コドコドなどの変な名前のネコ科の仲間たちもいます。これらのネコ科の動物の中では、一一種で真っ黒な毛色を持つ個体が知られています。

ではその黒い個体では、どのような遺伝子が変化しているのでしょうか。

ネコ以外でも種々の動物で、黒い毛色が知られていますが、このような毛色が黒くなることを黒化（メラニズム）といいます。先に説明したように、アグチタンパクの変異もその一つで、黒ネコの場合はこのアグチ遺伝子（A遺伝子）の欠損であると考えられてきました。しかしメラニズムの原因には前述のように、アグチ遺伝子以外の変異も可能性としてあり、実際にそのような例もわかってきています。黒ネコの場合も、本当にこのアグチ遺伝子の変化だけでしょうか。他にもあるかもしれません。またアグチ遺伝子の変異だとしても、何種類くらいあるのでしょうか。このような疑問に答えるために、黒ネコのアグチ遺伝子が、詳しく調べられました。また、いくつかのネコ科の黒い個体の遺伝子も、同時に調べられました。

黒ネコとA遺伝子

まずイエネコの黒い毛色について、お話ししましょう。黒ネコの原因を明らかにするために、世界各地から八三匹のイエネコが集められ、そのアグチ遺伝子が調べられました。八三匹のうち黒ネコは五七匹（ブラジル（一〇）、イスラエル（五）、アメリカ合衆国（三七）、モンゴル（四）、そしてアフリカのボツワナ（一）：数字は匹数）です。そして、黒ネコにはボンベイ、メインクーン、ノルウェージャンフォレストキャット、ターキッシュバン、スフィンクスが含まれます。

それらの遺伝子配列の解析の結果、アグチ遺伝子には二つのタイプがあることがわかりました。

一つはもちろん野性型（A）ですが、もう一つは、アグチ遺伝子のDNA配列において、四一番目のコドンのところで二個塩基が失われている変異型（a）でした。このため、本来は一三五個のアミノ酸からなるアグチタンパクですが、この変異型遺伝子からできるタンパク質は、四〇番目までは野性型と同じアミノ酸配列ですが、その後コドンが変わっているため、野性型とは異なる一二個のアミノ酸がつながった、合計五二個のアミノ酸だけの小さなタンパク質になってしまいます。もちろん、このアグチタンパクはまともな働きができず、MC1Rに結合して、茶メラニンを作れというシグナルを出すことができなくなります。それで、たえず黒メラニンが作られることになり、毛色は黒になります。

ネコもヒトも、一つの細胞の中に一対の染色体DNAがあるので、遺伝子も二つずつあります。五七匹の黒ネコでは、すべて二つとも変異型でした。黒くないネコ二六匹では、一五匹は野性型と変異型の遺伝子が一つずつで、残りの一一匹では両方とも正常なアグチ遺伝子を持っていました。したがって一つでも正常なアグチ遺伝子を持っていると、茶メラニンが作られるので、このa変異は完全に劣性であることがわかります。また、世界各地から集めたネコを調べていますので、ある特別な地域のネコだけ、この変異型のタイプであるということではありません。

アグチタンパクが機能しなくなれば黒い毛になるわけですから、そのような変異には、アグチ遺伝子DNA配列の中で、たくさんの可能性があります。実際にネコ以外のいろいろな動物では、このアグチタンパクのさまざまなアミノ酸のところで変異が生じたために、毛が黒くなる例が知られています。しかしネコの場合は、世界中の黒ネコは皆同じ一種類の変異によるものでした。このことから、先祖が同じであることが強く示唆されます。たまたま変異の生じた一匹の黒ネコを先祖として、世界中の黒ネコがその遺伝子を受け継いでいることになります。

また、三七種のネコ科の動物のなかの黒い個体がいる一一種のうち、ヒョウ、ジャガー、ジャガランディ、アメリカヤマネコ、ジョフロイネコ、パンパスキャットについても、黒い毛を持つ個体のアグチ遺伝子が調べられました。その結果いずれの場合にも、黒ネコと同じアグチ遺伝子の変異は見つかりませんでした。したがって、このアグチ遺伝子の変異は、イエネコに特徴的であるといえます。ジャガーとジャガランディについては、別の遺伝子の変異により、黒くなることがわかっていますが、これについては七章で詳述します。

イヌとA遺伝子

イヌの毛色遺伝子について、少しお話しましょう。まえがきでも述べたように、イヌは狩りや災害救助、牧畜の手助け、あるいは闘犬のための品種改良などが主で、ネコとは違ってこれまで毛色はそれほど重要視されませんでした。したがって、毛色の研究も遅れていました。それでも、イヌの全ゲノム配列が明らかになってから、毛色遺伝子についても急速に研究が進みました。これまでに、A遺伝子やB遺伝子、またネズミと同じE遺伝子など、代表的な毛色遺伝子が七つ知られています。

ドーベルマンをはじめ、さまざまな品種で黒い毛色のイヌが知られています。イヌでもアグチ遺伝子の変異による黒がわかっています。黒のジャーマン・シェパードのアグチ遺伝子を野性型と比較したところ、九六番目のアミノ酸のコドンがアルギニンからシステインのコドンに変わっていました（R96C）。この変異は劣性で、R96C がホモ接合型のときに黒イヌになります。他にも、シェットランドシープドッグやベルジアンシェパードの黒イヌでも、この R96C 変異が見つかっています。またその他の黒イヌでは、E遺伝子やK遺伝子による黒い毛色も知られています。イヌの場合、少し他の生物より複雑なようです。イヌのE遺伝子の変異については七章で触れますので、ここではK遺伝子による黒イヌについて説明しましょう。

黒イヌとβデフェンシン

全ゲノムが明らかになってから、イヌについても毛色遺伝子の研究が急速に進み、その結果、いくつかの毛色遺伝子の変異も明らかになっています。ネコと同じように、アグチタンパク、チロシナーゼ、チロシナーゼ関連タンパク1（TYRP1）、メラノフィリン、MC1Rの遺伝子などです。

その他にも、ネズミなどで知られている毛色に関わるMIT遺伝子やp遺伝子の変異も明らかになりました。ここではイヌに特徴的なβデフェンシンの遺伝子と毛色の関係について解説します。

通常、MC1Rはメラノコルチン1、あるいはその類似体によって活性化され、茶メラニンが作られるのを邪魔しています。したがって、このときは黒メラニンだけが作られます。これが黒い毛色の原因です。先に述べたA変異による黒のジャーマン・シェパードなどがこれに相当します。

黒イヌで他にも有名なのは、ニューファンドランドやポーチュギーズ・ウォーター・ドッグなどの品種です。ニューファンドランドは利口で性格のよい大型犬です。泳ぎが得意で、元は海難救助犬でしたが、今はペットとして人気があります。ポーチュギーズ・ウォーター・ドッグも黒く長い毛が特徴の中型犬です。

ブラック・ラブラドールなどで、七章で述べるジャガランディと同様に、以前MC1Rタンパクの九〇番目のセリンがグリシンに変わっているという報告がされましたが、その後の研究でこの変異は関係ないことが示されました。イヌの毛色は、他の動物とは若干異なっており、それゆえに研究対象として興味が持たれています。黒イヌでは今のところ、先に出てきたA遺伝子の変異と、ここで述べるK変異と呼ばれるβデフェンシン103の変異が明らかになっています。

ブラック・ラブラドール・レトリーバーなどで知られていた優性の「K変異」の遺伝子の解析が行われました。「K」はblackのkに由来します（b、l、a、cは、すでに毛色変異の名前として使われていたので、最後の「k」が採用されたようです)。このK変異は、免疫に関わっていることが知られていたβデフェンシンというタンパク質の遺伝子であることがわかりました。イヌのK変異には、優性の黒色をもたらすK^Bと、斑を生じるk^{br}と、そして黄色がかった茶色のk^y(これが野性型)の三つの変異型があります。優性・劣性の順序は、$K^B > k^{br} > k^y$です。

生物は外来の微生物の侵入を防ぐさまざまな機構を持っています。脊椎(せきつい)動物には免疫系と呼ばれる、自己と非自己を区別して非自己の異物を処理する機構があります。また一方、脊椎動物に限らず、非脊椎動物、昆虫やさらには植物に至る幅広い生物において、デフェンシンと呼ばれる一群のタンパク質を作って、微生物の侵入を防ぐ機構があります。

デフェンシンは、比較的小さな塩基性のタンパク質で、いくつかの仲間があります。例えばヒトでは、α、β、θデフェンシンの三種類が知られています。θデフェンシンは霊長類に特異的で、進化の過程で比較的最近獲得されたものと考えられています。αデフェンシンはほ乳動物に広く見られます。それに対してβデフェンシンは、脊椎動物、非脊椎動物、植物に広く分布しており、進化的に古いことが示唆されています。βデフェンシンの遺伝子は、ヒトでは三五種、マウスでは四五種、そしてイヌでは三八種あることがわかっています。

イヌでは、すべてのDNAの配列が明らかにされているので、常法に従ってまずK変異が染色体のどの場所にあるかが決められました。黒色のグレートデンなどを使っておよその位置が決められ、第一六染色体にあることがわかりました。ゲノム情報から、その辺りには一六ほどの遺伝子が同定されており、その中には一二個のβデフェンシンの遺伝子が集まっていました。そのうちの九つのβデフェンシンの遺伝子の配列を調べてみると、K^Bとk^yのイヌの間では、βデフェンシン遺伝子（ＣＢＤ１０３）の配列中に違いがあることがわかりました。

K^B変異遺伝子では、野性型に比べて三塩基が欠失していました。このためタンパク質中に、本来二三番目にあるグリシンがなくなっています。つまり、一個だけアミノ酸が少ないβデフェンシンタンパクが作られます（これを仮にΔG変異とします）。この変異型タンパクは、野性型のタンパクよりも五倍程度ＭＣ１Ｒタンパクに対する親和性が高いことがわかりました。また一般に、デフェンシンタンパクはアグチタンパクよりも多量に存在することがわかっています。したがって、ΔG変異型のデフェンシンは、アグチタンパクがＭＣ１Ｒに結合するのを邪魔することによって、黒メラニンを作り続けさせていると考えられます。

βデフェンシンのΔG変異により毛色が黒くなることがわかっているイヌは、ラブラドール・レトリーバーやジャーマン・シェパードなど、非常に多くの品種にわたります。例えば、先ほど出てきた黒いグレートデンを調べた例では、五七匹のうちホモ接合体が四〇匹、ヘテロ接合体が一七匹でした。黒ではないグレートデン六八匹は、すべてこの変異は持っていませんでした。これらのことから、ΔG変異型は優性であることがわかります。

4　B変異はTYRP1遺伝子

ネコとB遺伝子

この遺伝子が変異すると、ネコの毛色が薄くなります。チョコレートタイプのハバナやチョコレートポイントのシャム、そしてシナモンタイプのアビシニアンなどが有名です。これらのネコのB変異は、二つの型に分けられます。一つはチョコレートタイプ（b）で、もう一つはシナモンタイプ（b'）です。野性型はBです。B＞b＞b'の順で優劣が決まることが、長い間のブリーダー達の研究からわかっています。すなわち、Bとb またはBとb'の組合せでは野性型の毛色ですが、bb あるいはbb'ではチョコレートタイプ、b'b'でシナモンタイプになります。

ネコ以外でも、ヒトを含めさまざまな動物で、同様に毛色が薄くなる変異が知られています。二章で述べたように、メラニン合成の最初の酵素はチロシナーゼですが、この酵素と構造がよく似たタンパク質が二つありました。チロシナーゼ関連タンパク１（ＴＹＲＰ１）とチロシナーゼ関連タンパク２（ＴＹＲＰ２）です。チロシナーゼによってチロシンから作られた色素前駆体（ドーパキノン）は、その後茶メラニンへと変換される経路と、ＴＹＲＰ１、２が関与する黒メラニンへと変換される経路に分かれます（図13）。したがって、ＴＹＲＰ１やＴＹＲＰ２が正常に機能しないと、黒メラニンの生成が低下し、毛色が薄くなります。Ｂ変異は、このＴＹＲＰ１の変異です。ネコではＴＹＲＰ１の変異しか知られていませんが、他の動物、例えばヒトやネズミではＴＹＲＰ２の変異による毛色の変化も知られています。これは、病気との関わりも含めて九章で詳述します。

ミクロサテライトと遺伝子同定

まず、ネコのＢ変異がＴＹＲＰ１の遺伝子であることが、どのようにしてわかったのかについて説明しましょう。ヒトでもネコでも、同じＤＮＡ配列が繰り返し続いている部分が、染色体ＤＮＡ上でたくさん知られています。この繰返しの単位が短いものを「ミクロサテライト」と呼んでいます。例えば「ＣＡ」が繰り返しているミクロサテライトがあります。染色体ＤＮＡ上のあちこちに、この繰返し配列があります。しかもそれぞれの場所で、個体ごとにその繰返しの回数が異なっている場合があります。例えば、ある個体では一五回、別の個体では二三回と、いくつかのパターンがあります。ヒトでもネコでも、このたくさんのミクロサテライト遺伝子が、繰返しのパターン（回数）とともに、染色体DNA上のどこにあるかが明らかにされています。そこでもし、遺伝子「M」が変異して「m」になっていて、そのために特定の表現型を示すとき、例えば「毛色が薄くなる」という例があったとします。その遺伝子「m」は、子孫に伝わって行きますが、そのとき近くにあるミクロサテライト遺伝子も、同時に子孫に伝わっていきます（図17）。このことから逆に、「毛色が薄くなる」個体にのみ必ず存在する特異的なミクロサテライト遺伝子を見つけることができれば、その近くに、毛色が薄くなるのに関わっている変異遺伝子「m」も存在することになります。

チョコレートタイプの毛色を持つ、血統書付きのハバナの二一三匹のネコを使って、二二か所のミクロサテライト

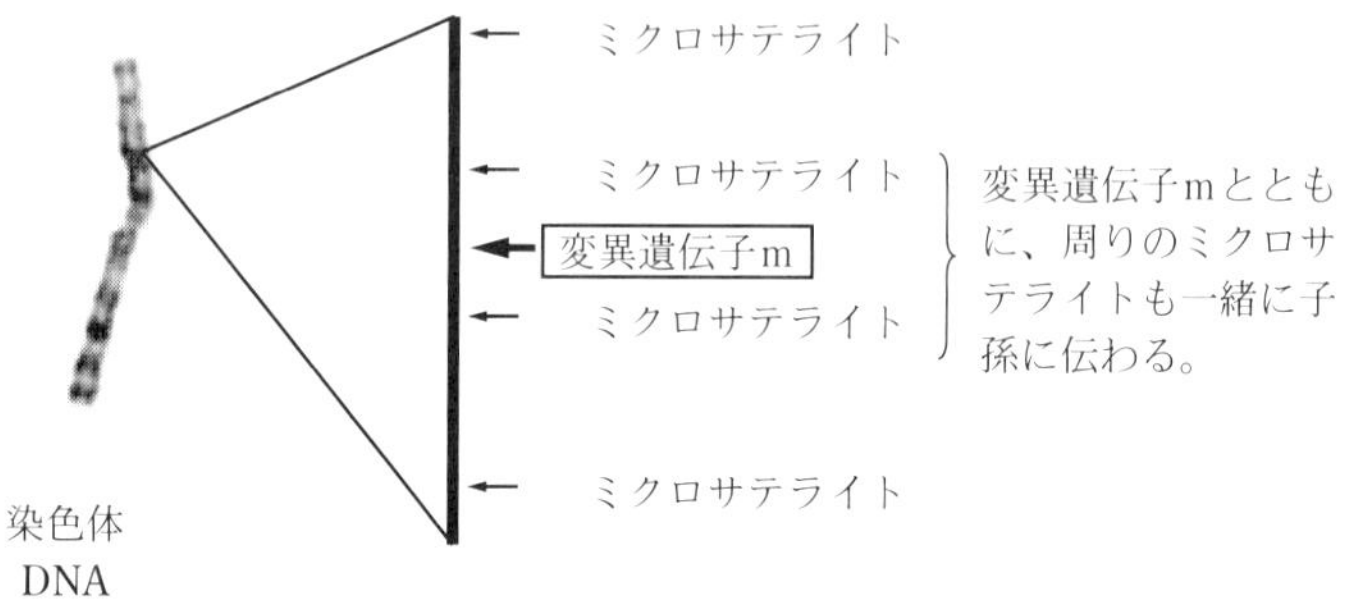

ミクロサテライト：その個体に固有の繰返し回数を持つDNA配列

図17　変異遺伝子とミクロサテライト

遺伝子の解析が行われました。その結果、ＦＣＡ７４２と名付けられているミクロサテライト遺伝子が、いつもチョコレート色と一緒に遺伝することがわかりました。このＦＣＡ７４２のそばには、ＴＹＲＰ１の遺伝子がありました。

ネコのＴＹＲＰ１遺伝子は五三七個のアミノ酸からなるタンパク質の情報を持っています。ＴＹＲＰ１遺伝子がチョコレートタイプの原因となる遺伝子であるらしいとわかったので、次にチョコレートタイプとシナモンタイプのネコそれぞれ一匹ずつと、野性型のネコ二匹の、ＴＹＲＰ１遺伝子の全配列が調べられました。その結果これらの遺伝子の間で違いが見つかりました。そのＤＮＡ配列が変わることによって、作られるタンパク質のアミノ酸も変わってしまう変異が二種類ありました。一つはシナモンタイプのネコで、ＴＹＲＰ１遺伝子の二九八番目のシトシンがチミンに変わっていました。これにより、ＴＹＲＰ１タンパクの一〇〇番目のコドンが、野性型ではアルギニンのコドンであったものが、終止コドンに変わっていました（R100X）。その結果、本来五三七個のアミノ酸からなるＴＹＲＰ１タンパクが、九九個のアミノ酸がつながっただけの短いタンパク質しかできません（これを仮にタイプ１の変異と呼びます）。当然これは酵素としては機能しません。

もう一つはチョコレートタイプのネコで、ＤＮＡの配列が一個変化したために、作られるＴＹＲＰ１タンパクが、正常なものとは少し異なっていました。変異型のＴＹＲＰ１タンパクでは四二一番目のアミノ酸の後に、一七個または一八個の余分なアミノ酸配列が加わっていることがわかりました（これを仮にタイプ２の変異と呼びます）。

ではなぜＤＮＡの配列が一個変化したために、本来五三七個のアミノ酸でできているはずのＴＹＲＰ１タンパクに、一七個または一八個の余分なアミノ酸からなる配列が付け加わってしまったのでしょうか。ＤＮＡの配列が一個変化した場合、違うアミノ酸のコドンに変化してしまう場合と、終止コドンに変化してしまって、そこから先はタンパク質が作られない場合があることは前に述べました（図７(b)、(c)）。タイプ１の変異は後者の例です。タイプ２の変異は、これらとは異なります。ちょっと難しくなりますが、ここで分子遺伝学のお勉強をしましょう。

すべての生物で、ＤＮＡの情報を基にタンパク質が作られるとき、途中にメッセンジャーＲＮＡという、ＤＮＡによく似た物質が関与することは前に述べました（図５）。遺伝情報の要であるＤＮＡの配列を基に、メッセンジャーＲＮＡが作られ、その配列を基にタンパク質が作られます。そんな面倒なことをせずに、なぜ直接ＤＮＡの配列を使ってタンパク質を作らないのか、と思われるかもしれません。でもＤＮＡは遺伝情報として非常に重要なものであり、子孫に正確に伝えなければなりません。ＤＮＡをタンパク合成に頻繁に利用していると、壊れてしまう可能性も高くなります。そこでタンパク合成には、ＤＮＡの配列を一旦メッセンジャーＲＮＡの配列にしてから使っているのです。

ところがわれわれヒトを含めて、多くの真核生物と呼ばれるグループでは、ＤＮＡの配列中に、タンパク質の情報としては必要でない配列をたくさん含んでいます。その理由はまた別の機会に述べるとして、とにかくＤＮＡの配列をそのままメッセンジャーＲＮＡにしただけでは、不必要な配列もたくさん含まれたままです。そこで、このＲＮＡの配列から余分な配列を取り除く過程が必要となります。この過程を「スプライシング」と呼び、取り除かれる配列を「イントロン」、残る配列を「エキソン」といいます（図18）。

　このとき、ＲＮＡから除かれるイントロンの両端は、決まった配列（両端がＧＵとＡＧで、ＤＮＡではＧＴとＡＧ）になっていることが知られています。ＤＮＡの配列中に「ＧＴ」という配列はいくらでもありますので、イントロンとして除かれるには周りの配列情報も重要です。タイプ２の変異では、このＧＴのあとの三つ目の塩基がＧからＡに変化していました。そのため本来のＧＴのところからは除かれずに、少し後のＧＴ（またはさらに三個の塩基の後）からイントロンとして除かれていました（図

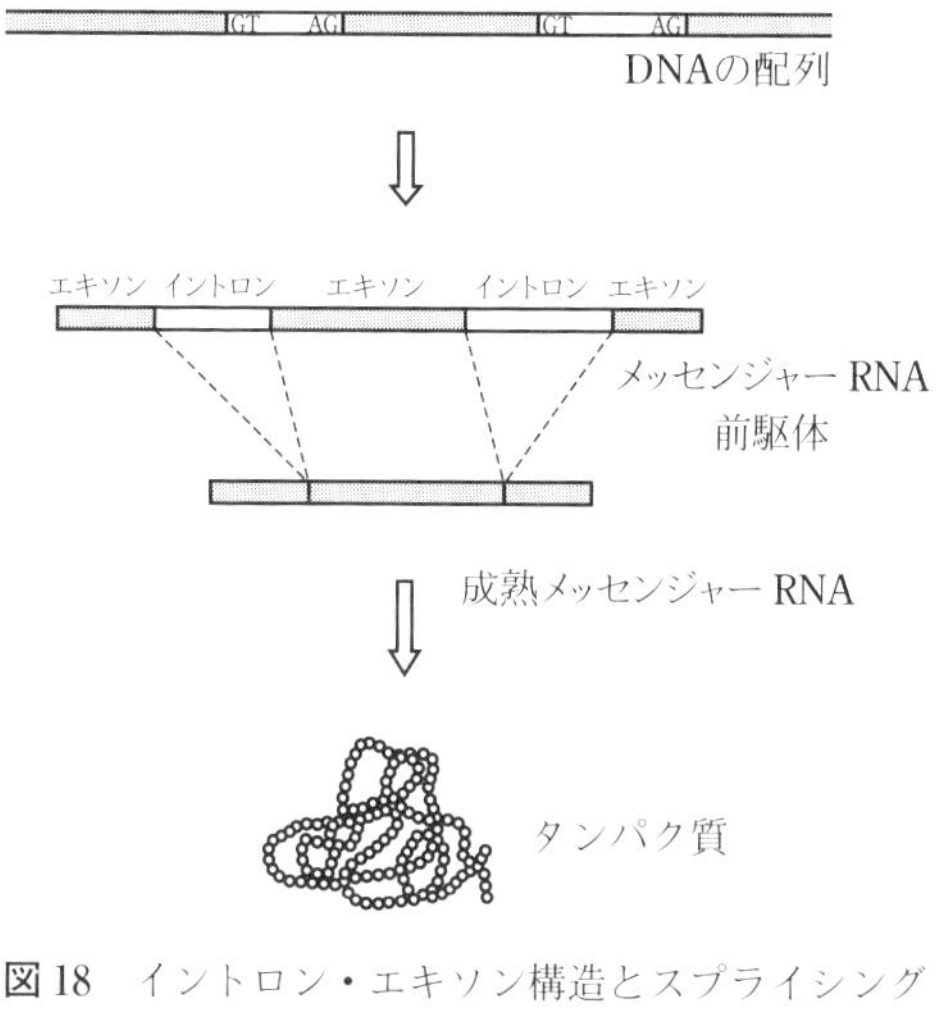

図18　イントロン・エキソン構造とスプライシング

19)。その結果最終的なメッセンジャーRNAは、五一個または五四個塩基が長くなり、タンパク質もその分、一七個または一八個長くなります。この少し長くなったTYRP1タンパクは、活性がなくなるわけではありませんが、野性型のタンパク質よりも活性が低下していると考えられます。その結果、黒メラニンの合成量が低下し、チョコレート色になるのでしょう。

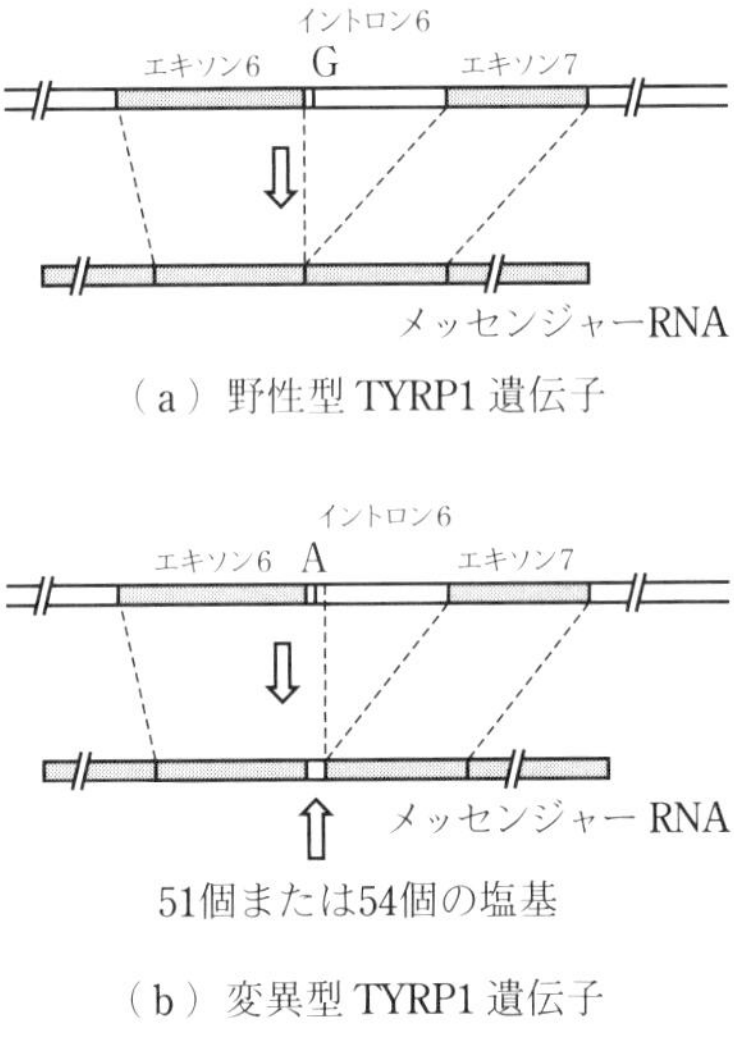

図19 野性型と変異型のTYRP1遺伝子の構造

さて、タイプ1とタイプ2の変異は、それぞれ一匹ずつのシナモンタイプとチョコレートタイプのネコのDNA配列を比べただけなので、たまたまかもしれません。そこでさらにこの変異と毛色の関係を確かめるために、一七匹のシナモンタイプのネコ（アビシニアン一五匹とオシキャット二匹）と、非シナモンタイプのネコ五九匹について、二九八番目の塩基の配列が、より詳しく調べられました。それには、二九八番目の塩基付近のDNA配列を、PCR（ポリメラーゼ連鎖反応）法という方法で増幅してから、配列を決定する方法が用いられました。

ＰＣＲ法という技術では、二種類の短いＤＮＡ（オリゴヌクレオチド）を用いて、その配列で挟まれるＤＮＡの領域を酵素的に合成します。非常に少ないＤＮＡでも、倍、倍、倍と指数的に増やすことができます。一〇回反応させると約一〇〇〇倍、二〇回反応させると一〇〇万倍といったように増やすことができ、これくらいＤＮＡを増やすと、いろいろな分析に用いることができます。配列を調べた結果、シナモンタイプのネコでは、一七匹すべてにタイプ１の変異がありましたが、非シナモンタイプには変異はなく、シナモンの毛色と二九八番目の変異は完全に一致しました。

同様にチョコレートタイプのネコ四一匹と、非チョコレートタイプの四五匹のネコについて、前述した方法で、ＴＹＲＰ１遺伝子がさらに詳しく調べられました。チョコレートタイプには、シャム九匹、トンキニーズ九匹、ハバナ五匹、バーミーズ六匹、バーマン四匹の他、バリニーズ、ボンベイ、シャルトリュー、コーニッシュレックス、マンチカン各一匹を含みます。その結果、チョコレートタイプのネコ四一匹のうち三八匹では、すべてタイプ２の変異を持つことがわかりました。残りの三匹は、チョコレートタイプのオシキャットでしたが、これらのネコではタイプ２の変異はなく、まだ説明がつかないそうです。

ＤＮＡ配列を基にした、三八品種のネコの系統樹を前に示しました（図11）。これによると、前述のチョコレートタイプのネコのうち、シャム、トンキニーズ、ハバナ、バーミーズ、バーマン、バリニーズ、ボンベイはいずれも近い親戚であることがわかります。これらのネコは、東南アジアで共通の祖先から派生したそうです。

その他の動物のB遺伝子

イヌでは、TYRP1遺伝子に三種類の変異（C41SとG331XとP345del）が見つかっています。いずれも劣性の変異です。この三種のいずれか二つの組合せで、ブラウンの毛色になるそうです。ただブラウンと呼ばれる毛色のイヌでも、このB遺伝子に異常がない例もありますので、必ずしもTYRP1遺伝子だけではないようです。

また、ドーベルマン・ピンシャーやオーストラリアン・シェパードのブラウンのイヌを「レッド」と呼んでいますが、やはりこのTYRP1遺伝子の異常だそうです。マウスにも、やはり三種のTYRP1遺伝子の異常によるブラウンが知られています（C86Yなど）。組合せにより、ブラウンの濃さはさまざまなようです。さらにはウシ（H434T）やヒト（S166XとA368del）などでも、TYRP1遺伝子の異常が見つかっています。ヒトのTYRP1遺伝子については九章にて詳述します。

ＴＹＲＰ２遺伝子と灰色ネズミ

チロシナーゼによく似た二つの酵素、すなわちチロシナーゼ関連タンパク１と２（ＴＹＲＰ１、ＴＹＲＰ２）のうち、ＴＹＲＰ１遺伝子はB変異の遺伝子でした。ネコでもこの変異はブラウンと呼ばれ、チョコレートとシナモンの二つのタイプの毛色があると述べました。もう一つのＴＹＲＰ２遺伝子の変異は、ネコではまだ知られていません。しかし、ネズミではこの遺伝子は第一四染色体にあり、slaty（灰色）と呼ばれる二つの劣性の変異（slt と slt[2J]）と、半優性を示す slaty light（Slt[lt]）変異が知られています。

slt と slt[2J] と Slt[lt] は、それぞれＴＹＲＰ２タンパクの R194Q、P434L、G486R の変異です。チロシナーゼとＴＹＲＰ１、ＴＹＲＰ２は三者複合体を形成しているそうです。チロシナーゼあるいはＴＹＲＰ１の変異は、おたがいのタンパク質の修飾や安定性・活性に影響を与えるそうですが、どちらもＴＹＲＰ２の活性には影響しないそうです。逆に、ＴＹＲＰ２の変異は、チロシナーゼの安定性を高め、活性を増強するそうです。ＴＹＲＰ２は黒メラニンの合成に必須ですが、茶メラニンの合成には関与しません。したがって、変異型のＴＹＲＰ２はその活性が顕著に低下するため、黒メラニンの合成量は減りますが、チロシナーゼの活性が高いため、茶メラニンの合成量は高まります。ただＴＹＲＰ２の変異が、なぜチロシナーゼの安定性を高め、活性を増強するのかといった、その生化学的機能については、まだよくわかっていません。

5　C変異はチロシナーゼ遺伝子

シャムとバーミーズ

チロシナーゼは、メラニン色素の合成の最初の反応を触媒する酵素です。最初の反応がないと、メラニン色素がまったく作れないのは当然のことです。たくさんの動物（ヒトも含めて）でチロシナーゼの欠損によりメラニン色素が作れない個体、すなわち白子（アルビノ）が知られています。ただ、二章でも述べましたように、多くの白ネコはW遺伝子の変異によって生じます。後で述べますが、例外的にC遺伝子の変異による白ネコもいます。チロシナーゼの変異による白ネコの代わりに、ネコでは別のチロシナーゼの変異が有名です。シャムとバーミーズにおいて知られているタイプです。

シャムは細身の身体のショートヘアで、手足やしっぽの先、顔面の毛色が濃く、手足が細長いのが特徴です。「シャム」とは現在のタイ王国を指します。いわゆる「ポイントカラー」（あるいはポインテッド）と呼ばれるチロシナーゼの変異を持ちます。ネコのブリーダー達は、野性型の毛色は「ソリッド」と呼ぶそうです。バーミーズタイプは、その名の通りバーミーズに見られる毛色のタイプで、胴体部分がシャムよりもより濃い毛色を持つチロシナーゼの変異です。

バーミーズはもともと、アメリカンショートヘアにシャムなどを交配してアメリカ合衆国で作られたネコで、セーブルブラウンという黒っぽい茶色の光沢のある毛色が特徴です。シャムよりもややまるっこい体格をしています。バーミーズは「ビルマ人」という意味ですが、ビルマ（現在のミャンマー）からアメリカ合衆国に渡った一匹のネコが祖先だといわれています。このように、バーミーズはシャムに由来しており、長年のブリーダー達の研究から、ポイントカラーとバーミーズは、同じ遺伝子の変異によることがわかっています。ただ同じチロシナーゼの遺伝子の変異ですが、あとで述べるように、変化しているDNAの配列は異なっていました。同じような表現型のネコを求めるうちに、たまたま同じ遺伝子に別の変異が生じて、シャムとは別のバーミーズタイプとして確立されたのでしょう。

シャムとバーミーズの遺伝子型を、それぞれc^sとc^bと書きます。それに対して、野性型のチロシナーゼの遺伝子型はC（大文字）です。シャム（c^s）と同様の変異は、ネズミやウサギなど他の動物でも比較的よく見られます。一般に「ヒマラヤン種」と呼ばれています。

このシャムタイプのc^s遺伝子の特徴は、その変化したDNAの結果、生じる変異型の酵素タンパク質、すなわち変異型のチロシナーゼの活性が、温度によって大きく変化することです。これを「温度感受性変異」と呼びます。温度によって、タンパク質の構造が少し変わり、活性が変化してしまいます。シャムでは、チロシナーゼの活性が高温で低下します。そのために、手足の先やしっぽのように比較的温度の低い場所では、チロシナーゼの活性がありメラニン色素が作られます。しかし、腹部のように温度の高い部位では酵素活性が低下し、メラニンが作れないため毛色は白くなります。

おもしろい実験があります。シャムのチロシナーゼの活性が温度感受性ならば、もし低い気温でシャムを飼育すれば、チロシナーゼは少し活性を回復し、メラニン色素が作られるはずです。逆に高い室温で飼育したり、身体の一部をガーゼなどで保温してやると、チロシナーゼの活性が低下し、色素が作られなくなるはずです。実際にこのような現象が起こることが、シャムを異なる温度で飼育して確かめられています。温度を低くして飼育すると、手足の先の毛色の濃い部分が広がりました。温度を高くすると、それまで少し色がついていた胴体部分が、白くなりました。シャムと同様に、温度感受性のC遺伝子を持つウサギも知られています。このウサギでも、飼育の温度によって毛色が変化することが確かめられています。

ではシャムやバーミーズのC遺伝子には、どのような変異が生じているのでしょうか。まず、二匹の野性型のネコと、シャムおよびバーミーズそれぞれ一匹のチロシナーゼの遺伝子の配列が調べられました。その結果、これらのチロシナーゼの遺伝子には五か所で違いがあることがわかりました。そのうちの二か所では、チロシナーゼタンパクのアミノ酸配列も変わります。シャムでは三〇一番目のグリシンがアルギニンに（G301R）、バーミーズでは、二二七番目のグリシンがトリプトファンに変わっていました（G227W）。ここで、仮に前者をタイプ1、後者をタイプ2とします。

これらの変化によって、確かにシャムやバーミーズの毛色に変化が生じることを確かめるために、さらに多くのネコが調べられました。ポイントカラータイプの変異に関しては、六三匹のネコのC遺伝子が調べられました。二五匹のポイントカラータイプのネコでは、すべてタイプ1のホモ接合型でした。一方、ポイントカラータイプではないネコでは、いずれも野性型のグリシンタイプのみか、グリシンとタイプ1のヘテロ接合型でした。この結果は、ポイントカラータイプが劣性であることと一致します。

一六匹のバーミーズタイプのネコではいずれもタイプ2のホモ接合型でしたが、バーミーズではないタイプでは、二つのC遺伝子がともに野性型のグリシンタイプか、野性型とタイプ2のヘテロ接合型でした。このことから、バーミーズタイプも劣性であることがわかります。

他の研究とも合わせると、シャムのタイプの変異、すなわちポイントカラーの毛色を持つネコとしては、シャムの他にも、サイベリアン、ペルシャ、トンキニーズなどが明らかになっています（表3）。一方、タイプ2のバーミーズタイプのネコは、バーミーズの他に、シンガプーラとトンキニーズが知られています。これらはいずれも同じタイプ2の変異を持つことから、同じ祖先の変異に由来している可能性が示唆されます。これら三つの品種は、前に出てきた系統樹（図11）でも、最も近い親戚であることがわかっています。

トンキニーズは、シャムとバーミーズの掛合せで作られた、比較的新しい品種です。シャムのポイントカラーとバーミーズの味わいのある毛色の両方を兼ね

表3　チロシナーゼの変異

毛　色	アミノ酸の変　化	品　種
ポイントカラー	G301R†1	シャム ペルシャ サイベリアン バリニーズ バーマン コラット ラグドール トンキニーズ
バーミーズ	G227W†1	バーミーズ シンガプーラ トンキニーズ
ミンク	G301R G227W	トンキニーズ
白	324まで†2	オリエンタルショートヘア

†1　ホモ接合型
†2　325番目のアミノ酸から8個非天然型の配列が続くホモ接合型

備えています。ブリーダー達は、このタイプを「ミンク」と呼ぶそうです。ミンクタイプの一匹を調べたところ、いずれもタイプ1とタイプ2のC遺伝子を一つずつ持っていました。すなわちタイプ1とタイプ2のヘテロ接合型です。したがって実際にはトンキニーズには、ミンク、ポイントカラー、バーミーズタイプの三種類がいます。交配の過程で、ミンク以外にポイントカラーのみや、バーミーズタイプの子ネコが生まれるからです。

タイプ1のC遺伝子（c^s）もタイプ2のC遺伝子（c^b）も、いずれも野性型のC遺伝子があるときには、表現型として現れません。どちらも野性型のCに対して劣性です。それに対して、c^sとc^bがそれぞれ一つずつのときは、どちらが優性ということはなく、それらの中間の表現型が現れる半優性です。

このミンクタイプのc^sとc^bを同時に持つネコとしては、他にスフィンクスでも知られています。スフィンクスには毛がありませんから、毛の色はわかりません。しかし肌の色は当然ありますので、それがミンクタイプなのです。他の品種のネコでは、このc^sとc^bの組合せは見つかりませんでした。

ネコのアルビノ

白ネコは、W遺伝子によるものであると述べました（二章参照）。しかし、まれにこのC遺伝子の変化による白ネコも存在します。W遺伝子は優性で、他の毛色遺伝子、例えばアグチ遺伝子やB遺伝子などがどのようなタイプであっても、毛色をすべて白くします。C遺伝子の変異であるシャムは、ポイントカラー、すなわち手足やしっぽの先の毛色が濃いのが特徴です。細身の容姿や性格に気品があって人気があります。そこで真っ白なシャムも作ってみたいと、シャムと白ネコを掛け合わせたそうです。それがオリエンタルショートヘアと呼ばれています。

そのときの白ネコには、もともとさまざまな色が隠されていましたので、その結果いろいろなタイプの毛色を持ったネコが生まれました。このオリエンタルショートヘアの一つの家系で、アルビノネコが見つかりました。この家系のネコは、シャムの遺伝子であるc^sも持っていました。ですから、シャムのパターンと、アルビノの白ネコのパターンとが現れます。

このアルビノ変異がチロシナーゼの遺伝子の変異であることも、ミクロサテライト解析により、明らかになりました。アルビノを含むオリエンタルショートヘアのネコの家系で、五〇匹のネコのミクロサテライトと、白い毛との関係が調べられました。その結果、FCA931というミクロサテライトには四種のパターン（長さの違い）がありますが、白ネコでは二つの染色体上のミクロサテライトは、ともに共通のパターンであることがわかりました。またこのＦＣＡ９３１ミクロサテライトは、チロシナーゼの遺伝子の近くにあることもわかっていました。

　そこで、白ネコと、おそらく変異したチロシナーゼを一個持っていると推測されるネコ（ヘテロ接合体）と、白ではなくc^s遺伝子を持っているネコ、それぞれ二匹ずつを用いて、チロシナーゼの遺伝子が調べられました。その結果、白ネコでは三二五番目のアミノ酸のプロリンのコドン（ＣＣＣ）の最後のＣがなくなっていることがわかりました。したがって、その後のコドンがずれて、本来とは異なるアミノ酸が八個続いた後、終止コドンでタンパク質は終わります。そのため、この酵素はまったく機能しません。

　一五匹のアルビノネコでは、すべてこの塩基の欠失が二つの遺伝子ともに起こっていた（ホモ接合型）そうです。また、七匹のアルビノでないネコでは、塩基の欠失が片方の遺伝子のみで起こっていました（ヘテロ接合型）。このことから、塩基（Ｃ）の欠失によるアルビノは劣性であることがわかります。このアルビノネコは青い目を持っていました。他の青い目のネコと同様に、タペータムと呼ばれるネコ特有の目の反射板は、赤みを帯びた色だそうです。

　野性型（フルカラー：Ｃ）、バーミーズ（c^b）、シャム（c^s）、アルビノ（ｃ）の変異の優劣は、$C > c^b \sim c^s > c$となります。

6　D変異はメラノフィリン遺伝子

ネコとD遺伝子

二章で説明したように、色素細胞内でメラノソームはメラニンを作りながら、細胞の端まで運ばれます（図16）。このとき、ミオシンＶａ、ＲＡＢ２７Ａ、そしてメラノフィリンという三つのタンパク質が必要でした。この三つのうち、どれがかけてもメラノソームはうまく移動できず、メラニン色素は大きくなり、毛や皮膚へは不均一に運ばれます。この結果、色は薄く見えます。

ネズミの場合では、これら三つのいずれの変異でも色が薄くなる例が知られています。D変異のマウスではミオシンＶａタンパクの遺伝子が、ashen（灰色）変異ではＲＡＢ２７Ａタンパクの遺伝子が、そしてleaden（鉛色）変異ではメラノフィリンの遺伝子に変異があります。D変異はニワトリやウズラなどでも知られており、ラベンダー変異と呼ばれることもあります。色が薄くなるのはメラニン色素が少ないわけではなく、合成はできるのですが、メラニンの輸送異常による不均一性のためです。ヒトでも、まれな病気ではありますが、三つの変異ともグリセリ症候群という病気の原因遺伝子として見つかっています（九章で詳述）。

さて、ネコではミオシンＶａとＲＡＢ２７Ａの変異は知られていませんが、Ｄ変異のメラノフィリン遺伝子については、詳しく調べられています。ロシアンブルー、コラット、シャルトリューがブルーの毛色で有名で、ブルーの御三家ともいわれ、Ｄ変異の品種としてよく知られています。黒の毛色にこのＤ変異が加わって色が薄くなり、ブルーと呼ばれる毛色になります。また、茶の毛色にこのＤ変異が加わって色が薄くなると、クリームと呼ばれます。野性のネコ科の他の動物では、Ｄ変異は知られていません。

では、ネコのＤ変異がメラノフィリンの遺伝子であることが、どのようにしてわかったのでしょうか。これにも先ほどのミクロサテライト解析が用いられました。

野性型一五八匹とＤ変異を持つ八九匹、合計二四七匹のネコについて、染色体ＤＮＡ上の四八三個のミクロサテライト解析が行われました。その結果、Ｃ１染色体上にある「ＦＣＡ８９０」というミクロサテライトが、いつもＤ変異の表現型と一致していることがわかりました。ネコのＦＣＡ８９０ミクロサテライトの辺りは、ヒトの第二染色体に相当し、ヒトではその辺りにメラノフィリンの遺伝子があることがわかっていました。したがってネコのD変異は、メラノフィリンの遺伝子の変異であることが強く示唆されました。そこで、メラノフィリンの遺伝子がさらに詳しく調べられました。

メラノフィリンは五六九個のアミノ酸からなるタンパク質です。野性型一五匹、D変異型一三匹のメラノフィリン遺伝子の配列解析の結果、D変異のネコでは二八番目のアミノ酸に相当するコドンのところで、一個塩基が欠失（Δ1）していることがわかりました。そのためその後ろで、野性型とは異なるアミノ酸が一一個並んだ後、タンパク合成は止まって、短いタンパク質しか作られなくなることがわかりました。つまり、本来五六九個のアミノ酸からなるタンパク質が、三八個しかつながらないことになります。当然その短いタンパク質は、メラノフィリンとしては機能しません。

D変異型のネコ一三匹ではすべて、二つのメラノフィリンの遺伝子ともにΔ1のタイプでした。野性型のネコ一五匹のうち、一四匹は二つの遺伝子ともに野性型で、一匹は野性型とΔ1変異のヘテロ接合型でした。したがってこれらのことから、D変異は劣性であることがわかります。

DNAの分析技術のすごいところは、一個の塩基の長さの違いを検出できることです。したがって、Δ1変異の付近のDNAをPCR法によって増幅すると、野性型に比べてΔ1のタイプではDNAの長さが塩基一個分、短く検出されます。これにより、Δ1型であるか野性型であるかが簡単に区別できます。

そこでこの長さを識別する方法を用いて、さらに念のために、先ほどのミクロサテライト解析に用いた二四七匹を含む、全部で四三三匹のネコのメラノフィリン遺伝子について、PCR法による解析が行われました。その結果、D変異型のネコ一八六匹では、DNAのΔ1付近を増やしてみると、すべて一五〇個の長さでした。一方、野性型のネコ二四七匹で同じ実験をすると、そのうち一〇九匹は一五一個の長さで、残りは一五一個と一五〇個の長さの混ざったものでした。このことから、D変異のネコの毛色は、すべてメラノフィリン遺伝子のΔ1変異によるものであり、また劣性であることがわかります。

今回調べたD変異型のネコの中には、ブルーの毛色の御三家であるロシアンブルー（一〇匹）、コラット（九匹）、シャルトリュー（九匹）が含まれています。ロシアンブルーはイギリスのやや細身のネコです。その名が示すようにロシアから来たという説もありますが、はっきりしません。コラットは、現在のタイ王国の王朝時代にコラット地方で見つかったブルーの短毛種で、まるっこい顔にがっしりとした体型のネコです。シャルトリューはフランスのネコです。シャルトリュー派の修道士が、北アフリカから持ち帰って修道院で飼っていたのが始まりとか、十字軍の時代に持ち込まれたネコの子孫とか、諸説あります。大柄な短毛種のネコで、ずんぐりした胴体に、やや短めの四肢が特徴です。これらがいずれも同じ遺伝子の変異であることから、祖先は共通の可能性が考えられます。

イギリス（あるいはロシア）、タイ、そしてフランスで確立されたブルー系のネコの品種が、いずれも一匹のブルーのネコに由来するとしたら、驚くべきことですね。しかも系統樹では、これらの品種は非常に離れたグループに属します。そのようなグループが派生するずっと以前に生じた遺伝子の変異が、共通の祖先から脈々と受け継がれて子孫に伝わっていることになります。一匹のネコに生じた黒い毛の遺伝子が全世界に広がったのと同じように、遺伝の不思議というか、壮大な流れを感じるような気がします。

イヌとD遺伝子

イヌでもメラノフィリンの変異によるD変異はよく知られています。ドーベルマン・ピンシャーやジャーマン・ピンシャーなどの品種で、このD変異が知られています。D変異が伴うと、黒の代わりにシルバーグレー（青）、赤や茶色の代わりに黄土色へと毛色が薄くなります。また他の動物では見られませんが、ある種のイヌではこの変異に伴って、カラー希釈性脱毛症（color dilution alopecia）あるいは黒色毛胞形成異常症（black hair follicular dysplasia）と呼ばれる、脱毛や皮膚炎を伴うことがあるそうです。

二八五匹（ジャーマン・ピンシャー（一三一）、ヨーロピアン・ドーベルマン・ピンシャー（一〇九）、アメリカン・ドーベルマン・ピンシャー（一五）、ローデシアン・リッジバック（一三）、ビーグル（七）、ラージ・ミュンスターレンダー（六）、ミニチュア・ピンシャー（三）、アメリカン・スタッフォードシャー・テリア（一）：数字は匹数）のイヌのメラノフィリンの遺伝子が調べられました。その結果、この遺伝子の二二番目にGとAの二種類があり、六五匹のD変異の表現型を示すすべてのイヌでは二つの遺伝子がともにAであり、野性型の表現型のイヌでは、一〇八匹がGとA、一一二匹が二つともにGでした。このことから、野性型のメラノフィリンの遺伝子の塩基はGであり、変異型はAで、完全にメンデル型の劣性変異であることがわかります。ちなみにこのGからAへの変化は、タンパク質の情報を持つDNA配列中ではないのですが、この変異により正常なメッセンジャーRNAの量が二五％程度に低下してしまい、その結果メラノフィリンタンパクの量も減少してしまいます。

7　E変異はメラノコルチン1受容体遺伝子

アンバーカラーのネコ

E変異とは、メラニン合成の最初のシグナルを受け取る受容体タンパク質の変異です。ネコでは珍しい変異で、ノルウェージャンフォレストキャットでしか知られていませんが、ネズミをはじめ多くの動物で知られている変異です。おもしろいことにこの遺伝子は、変異の仕方によって、毛色は黒くなったり赤/茶になったりします（図15）。

通常色素細胞におけるメラニン合成は、色素細胞に対して外からの物質の影響がなければ、茶メラニンが作られます。メラノコルチン1受容体（MC1R）がメラノコルチン1によって活性化されると、茶メラニンが作られるのを邪魔し、黒メラニンだけが作られます。アグチタンパクはメラノコルチン1の働きを邪魔するので、このときは黒メラニンが作られます。したがって、MC1Rが正常に機能しないと、茶メラニンが作られ続けます。E変異（Extention 変異）はこのMC1Rの変異で、ヒトでもよく見られる変異です。

ノルウェージャンフォレストキャットで、アンバーカラー（あるいはXカラー）と呼ばれる劣性の黄色の毛色の変異があります。他のネコではほとんど知られていない変異です。通常茶色のネコは、三毛ネコで知られているオレンジ遺伝子（o）の変異（優性のO）による茶色の毛です。ノルウェージャンフォレストキャットの茶色はこのOとは異なる変異で、珍しいものです。公的には一九九二年に報告されました。

すべてのアンバーカラーのノルウェージャンフォレストキャットは、一九八一年にノルウェーで生まれた一匹のネコに由来するとされています。このネコから三匹の娘がアンバーカラー変異を受け継ぎました。性別とは無関係であることから、常染色体の変異です。アンバーどうし、あるいはアンバーとアンバー変異を保有している野性型などとの交配結果から、完全に劣性の一遺伝子に基づく変異であることがわかります（表4）。

年齢に依存して毛色が変化することが特徴の一つで、変異遺伝子を伴う場合、子ネコはブラウンタビー、ブルータビーで、成長するとアプリコット／シナモン色やピンクがかった淡黄褐色となり、アンバーライトと呼ばれます。アンバーの三毛の子ネコは黒と茶の毛色ですが、成長すると黒はアプリコット色になり、一方茶はそのままです。

ともにアンバーカラーの三毛ネコの雌と雄からは、二匹のアンバーカラーの雌と二匹の茶の雄が生まれました。この結果は、茶色遺伝子（O）は、アンバーカラーに対して上位であることを示します。種々の掛合せから、アンバーカラー変異は、B、C、T変異のいずれでもないことがわかっていました。また、D変異とともに存在でき、シルバー（A－、I－）やスモーク（aa、I－）とも共存できることや、O遺伝子やs遺伝子の変異でもないことがわかっていました。

先に述べたように、すでに他の動物ではMC1Rの変異による黄色の毛並みが知られていましたので、二匹のアンバーカラーのネコのMC1R遺伝子が調べられました。その結果、二五〇番目の塩基のGがAに変化し、受容体タンパク質の八四番目のアミノ酸が、アスパラギン酸からアスパラギンに変化していることがわかりました（D84N）。ネコでは初めてのMC1Rの変異です。アスパラギン酸は酸性の側鎖を持ちますが、アスパラギンの

表4　アンバーカラーのネコの遺伝様式

交　配（交配の組数）	子ネコ	
	アンバー	野性型
アンバー×アンバー　(20)	89	0
野性型（非保有）×アンバー　(20)	0	102
野性型（保有）×アンバー　(20)	48	43
野性型（保有）×野性型（保有）　(14)	15	43
野性型（非保有）×野性型（非保有）　(20)	0	87

保有；野性型と変異型のヘテロ接合型／非保有；野性型のホモ接合型

側鎖は中性です。タンパク質の荷電が変わって機能しなくなったと考えられます。

この八四番目のアスパラギン酸は、ヒトやネズミ、キツネ、ウシ、ヒツジなど、多くの動物のMC1Rでよく保存されているアミノ酸です。このアスパラギン酸の変異による毛色の変化は、他の動物でもすでに知られています。例えば、ウマでもやはりアスパラギンに変わることで、栗毛色になることが知られています。ヒトではグルタミン酸に変わることで、赤毛になります（九章参照）。その他にも、ウサギではMC1Rタンパクの一〇アミノ酸の欠失により、やはり受容体として機能しないため、赤／淡褐色／黄色の毛色を示します。マウスでもいくつか、まともなMC1Rタンパクが作られなくなることにより、その毛色が黄色になる変異（劣性）が知られています。

一方、おもしろいことにマウスではアミノ酸が一個変化したために、この受容体がつねに活性化状態にある、またはメラノコルチン1に超感受性になったため、黒／こげ茶（優性）になる変異もあります。イエネコの黒はアグチタンパクの変異でした。黒い毛になる原因としては、前に述べたように（図15）、アグチタンパクの変異の他に、マウスの例のようにMC1Rタンパクの変異など、いくつかの可能性が考えられます。

黒いジャガーとジャガランディ

ＭＣ１Ｒ遺伝子の変異による黒い毛が、ネコ科の動物でいくつか知られています。野生のネコ科の動物で、黒い毛色で有名なのは黒ヒョウですね。ヒョウはアフリカの南部や、アジア中近東の南部に広く生息しています。黒ヒョウはマレー地方に多いそうです。同じように黒いジャガーも知られています。ヒョウとジャガーはよく似ており、どちらもヒョウ属ですが、違う「種」です。ジャガー（図20ⓐ）は北アメリカ南部や南アメリカに生息しています。ジャガーのほうが体格も大きく、やや頭でっかちで、足が短いです。対照的に、「ヒョウのようにしなやかな体」などと形容されるように、ヒョウは細めで優雅な体型です。ライオンやトラも同じヒョウ属です。

イエネコ以外のネコ科の動物として、一六匹の毛色の黒い個体を含む、ジャガーやジャガランディなどのアグチ遺伝子が調べられました。ジャガランディは、あまりわれわれになじみがありません

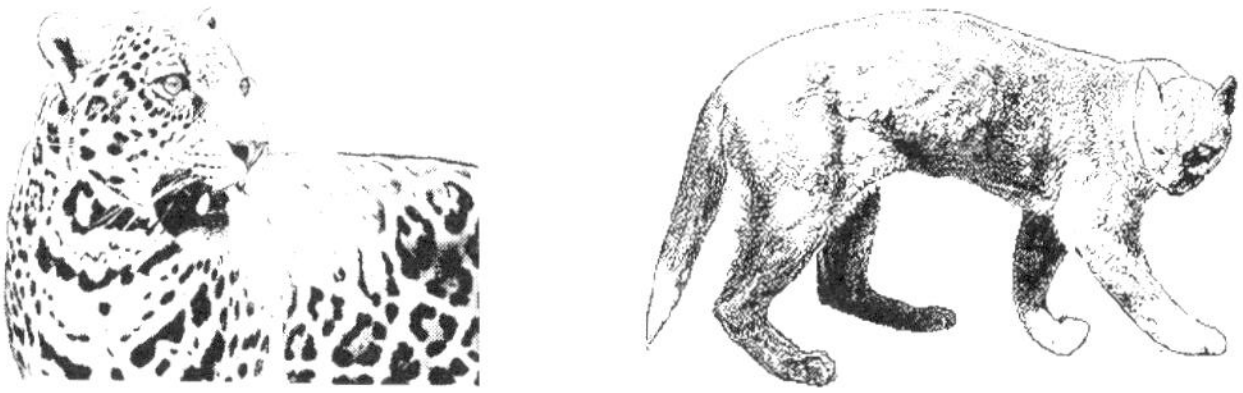

（a）ジャガー　　（b）ジャガランディ

図20　ジャガーとジャガランディ

が、中南米産のヤマネコです（図20(b)）。ネコ科としては珍しく、泳ぎが上手だそうで、姿もどちらかというとネコというよりも、カワウソのようです。このジャガランディには、黒色ないしは褐色がかった灰色か、赤褐色の毛色の種類がいます。

そこで、ジャガーとともに、その毛を黒くする遺伝子が調べられた結果、いずれもアグチ遺伝子の配列は正常でした（表5）。アグチ遺伝子の変異による黒い毛色というのは、イエネコに特有のようです。それに対し、黒いジャガーやジャガランディでは、アグチ遺伝子ではなく、その受容体であるMC1Rの遺伝子の変化によって、黒い毛が生じることがわかりました。

黒いジャガーのMC1RのDNA配列を調べてみたところ、一五個の塩基が欠失していました。この領域は、一〇一番目のアミノ酸から一〇五番目のアミノ酸の情報に相当します。さらにその次の一〇六番目にあったロイシンのコ

表5　ネコ科動物のアグチタンパク遺伝子（＋は野性型）

種　類		数	アグチ遺伝子の変化		
			Δ2/Δ2	Δ2/+	+/+
イエネコ†	黒	57	57	-	-
	黒以外	26	-	15	11
ジャガランディ（そのうち黒8匹）		15			15
ジャガー（そのうち黒4匹）		10			10
ヒョウ（そのうち黒4匹）		4			4

†　詳細は3章を参照のこと（Δ2は2塩基の欠失）

ドンがトレオニンのコドンに変わっていました（CTGからACG）。このロイシンも、ヒトやブタ、ウマ、ウシなどのMC1Rでよく保存されているアミノ酸です。

一五個の塩基がなくなっていたので（Δ15変異）、MC1Rタンパク質は五個のアミノ酸が短くなりますが、大きなタンパク質は作られます（なくなったDNA配列が三の倍数のため、アミノ酸が五個短くなることと一個ロイシンがトレオニンに変わる以外は元と同じです）。しかし五個分アミノ酸が短くなっているため、アグチタンパクが存在してもこの変異型のMC1Rタンパクには結合できません。それで、MC1Rタンパクは茶メラニンを作らせるシグナルが出せず、メラノサイトはいつも黒メラニンを作り続けます。

次に、このΔ15変異が確かに黒い毛を生じることを確かめるために、三六匹の野性型のジャガーと一〇匹の黒いジャガーの、合計四六匹のMC1R遺伝子が調べられました（表6）。一〇匹の黒いジャガーのうち一匹はΔ15変異を二つ持っており、九匹はΔ15変異と野性型の遺伝子を一つずつ持っていました。三六匹の野性型の毛色のジャガーには、Δ15変異は見つかりませんでした。このことから、Δ15変異は優性であることがわかります。八匹の個体の家系も調べられましたが、完全にΔ15変異と毛色の表現型は一致しました。またΔ15変異を二つ持つ個体は、一つ持つ個体よりも、毛の色がより黒っぽいこともわかりました。

一方ジャガランディでも、MC1R遺伝子が変化していましたが、その変化している遺伝子の場所はジャガーとは異なることがわかりました。黒、こげ茶／灰色や赤っぽい茶色の個体二九匹を調べたところ、いくつかの個体で二四個のＤＮＡの配列がなくなっており（Δ２４変異）、そのため八個のアミノ酸が短くなったＭＣ１Ｒタンパクが作られることがわかりました。ジャガーのΔ１５変異のすぐそばですが、これとはまた別の変異です。Δ２４変異以外にもいくつかの個体で、三か所のアミノ酸の違いをもたらす変異も見つかりましたが、他の種との配列と比較して、これらの違いは毛色にはそれほど影響していないと考えられます。

二九匹のジャガランディは、メキシコからアルゼンチンに渡る広い地域から集められており、それが一つの変異によることがわかり

表6　ネコ科動物のMC1R遺伝子（＋は野性型）

種類		数	MC1R遺伝子の変化				
			Δ15/Δ15	Δ15/+	Δ24/Δ24	Δ24/+	+/+
イエネコ	黒	28					28
	黒以外	15					15
ジャガー	黒	10	1	9			
	黒以外	36					36
ジャガランディ	黒	7			6	1	
	こげ茶／灰色	12			3	9	
	赤／赤茶色	10				4	6

ました。先に述べたように、ジャガランディには、黒色ないしは褐色がかった灰色か、赤褐色の毛色の種類がいますが、このMC1R遺伝子の変異は半優性だそうです。半優性は何度も出てきましたが、遺伝子の数によってその表現型が変わってきます。基本的には、変異型のMC1Rを二つ持っていると真っ黒、持ってないと赤または茶色、一つ持っているとその中間で、こげ茶または灰色となります（表6）。しかし、変異型が二つあるのに中間色であったり、一つだけなのに真っ黒であったりあまり黒くなかったりといったように、少々複雑です。おそらくMC1R以外の遺伝子も関与しているようです。

黒ヒョウ

黒ヒョウではどうでしょうか。四匹の黒ヒョウのアグチ遺伝子が調べられましたが、いずれも正常でした。また四匹の黒ヒョウと黒ではないヒョウの、合わせて八匹のMC1R遺伝子も調べられましたが、いずれも正常でした。したがって、黒ヒョウの毛を黒くする遺伝子は、アグチ遺伝子でもMC1R遺伝子でもないので、これらの他にあのきれいな黒毛にする遺伝子が存在することになります。それが何か、まだわかっていません。もしかすると、三章で述べた黒イヌの場合と同じかもしれません。

その他のネコ科の動物、例えばアジアゴールデンキャット、ジャガーネコ、ジョフロイネコ、パンパスキャットについても、毛色が黒いものとそうでないものについて、アグチ遺伝子とMC1R遺伝子の配列が調べられました。しかし、今のところこれらの遺伝子に異常は見つかりませんでした。したがって、これらのネコ科の動物でも、アグチ遺伝子とMC1R遺伝子以外の、毛色を黒くする遺伝子が存在することになります。

いろいろな黒い動物

黒ネコの場合はa遺伝子の変異だけですが、MC1Rの変化による黒い毛色は、ジャガーやジャガランディ以外の生物でも広く知られています。その変化している場所も、ジャガーやジャガランディと似た場所です。マウス（一〇〇番目のアミノ酸がロイシンからプロリン）、ウシやブタ（どちらも九九番目のアミノ酸がロイシンからプロリン）、ニワトリ（九四番目のアミノ酸がグルタミン酸からリシン）、ヒツジ（七三番目のアミノ酸がメチオニンからリシン）、イヌ（九〇番目のアミノ酸がセリンからグリシン）などが知られています（図21）。黒イヌについては、後でまとめて説明しましょう。

銀ギツネは、毛皮として珍重されています。一般的な銀ギツネは、前に出てきたアグチ遺伝子の変異で、アグチタンパクが機能しないタイプですが、アラスカシルバーという種類は、このMC1R遺伝子の変異です。この場合、一二五番目のシステインがアルギニンに変わっています。タンパク質として同じ大きさのものが作られますが、アミノ酸が変わってしまったため、やはりアグチタンパクが結合できなくて、黒メラニンを作るシグナルを出し続けます。

イヌとE遺伝子

通常、MC1Rはメラノコルチン1、あるいはその類似体によって活性化され（あるいは、ホルモンがなくてもある程度の活性があるという説もあります）、黒メラニンが作ら

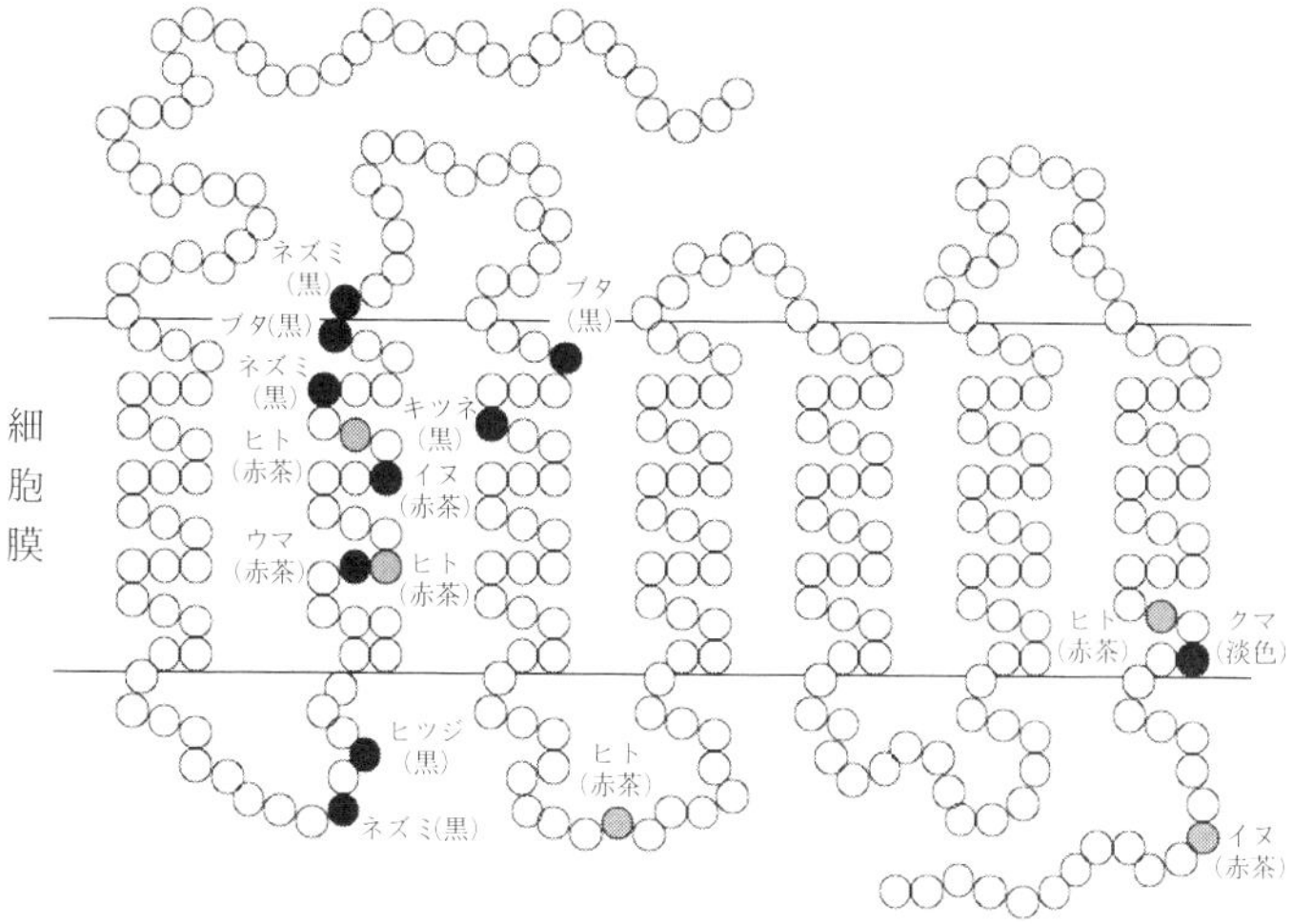

図21　MC1Rタンパクのさまざまな変異部位（○：アミノ酸）

れ、アグチタンパクはこの働きを邪魔して茶メラニンを作らせます。したがって、アグチタンパクがないときは黒メラニンだけが作られます（図14、図15）。これが黒い毛色の原因です。先に述べたA変異による黒のジャーマン・シェパードなどがこれに相当します。

一方MC1Rタンパクが機能しないと、アグチ変異とは逆に黒メラニンの合成は妨げられ、茶メラニンばかり作られるようになります。これが、ゴールデン・レトリーバーやイエロー・ラブラドールレトリーバーの茶（黄）色の原因です。ゴールデン・レトリーバーは、その名のとおり、金色のような赤茶色の大型犬です。またイエロー・ラブラドールレトリーバーも、人気のある茶色の大型犬です。元は猟犬です。アイリッシュセッターも猟犬で、別名レッドセッターと呼ばれることからわかるように、赤っぽい毛色が特徴です。いずれの場合も、MC1Rタンパクの三〇六番目のアミノ酸のアルギニンのコドンが終止コドンに変わっている（R306X）ことがわかっています。そのため、短く、機能しないMC1Rタンパクしかできません。一九四匹のイヌを調べた結果、赤／黄の毛色とR306Xの変異は、完全に一致しました。

8　ネコの縞模様と毛の長さ

ネコの縞模様

ネコの斑模様は大きく分けて、アビシニアン（ticked tabby）タイプ、縦縞のマッカレルタビー（図22(a)）、渦巻き模様のブロッチドタビー（図22(b)）と、斑点のスポッテッドタビーの四種があります。二章で述べたように、縦縞と渦巻き模様とアビシニアンタイプは、以前は同じ遺伝子の変異だと思われていました。しかし最近の研究により、縦縞と渦巻き模様は同じ遺伝子の変異ですが、アビシニアンは異なる遺伝子であることがわかりました。そこでそれぞれについて、新しい遺伝子記号が提唱されています。アビシニアンタイプの遺伝子をTi^Aと表し、野性型はTi、縦縞と渦巻き模様を決める遺伝子（タビー遺伝子）はそれぞれTa^MとTa^bです。Ti^A Ti^AまたはTi^A Tiのとき、Ta^MでもTa^b

（a）縦縞

（b）渦巻き模様

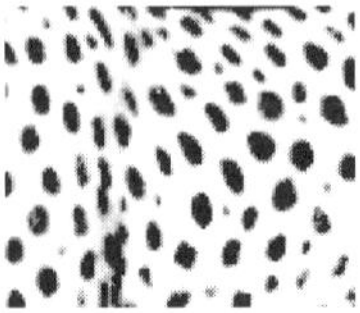

（c）チーター

（d）キングチーター

図22　タビー模様

表7　タビー変異とアビシニアン変異

<table>
<tr><th colspan="2">遺伝子型</th><th>表現型</th></tr>
<tr><td>$Ti^A\,Ti^A$</td><td rowspan="2">$Ta^M\,Ta^M$
$Ta^M\,Ta^b$
$Ta^b\,Ta^b$</td><td>アビシニアン</td></tr>
<tr><td>$Ti^A\,Ti$</td><td>アビシニアン
（ただし、四肢や尾部には縦縞）</td></tr>
<tr><td rowspan="2">Ti Ti</td><td>$Ta^M\,Ta^M$
$Ta^M\,Ta^b$</td><td>縦縞</td></tr>
<tr><td>$Ta^b\,Ta^b$</td><td>渦巻き模様</td></tr>
</table>

でもアビシニアンになります（表7）。ただし、Ti^{A}は半優性でTi^{A} Tiのときは、四肢や尾部に縦縞が現れ、胴部にもうっすらと縞模様が出ることがあるそうです。

一方Ti Tiのとき、Ta^{M} Ta^{M}またはTa^{M} Ta^{b}は縦縞で、Ta^{b} Ta^{b}が渦巻き模様です。Ta遺伝子はA1染色体上に、Ti遺伝子はB1染色体上にあることがわかっており、候補遺伝子もそれぞれ一六個と四〇個にしぼられました。TaとTiの他に、さらに一つあるいはそれ以上の遺伝子が関与して、縞模様が斑点のスポッテッドタビーに変化すると推測されています。

そして最近の研究で、とうとうTa遺伝子が明らかになりました。候補遺伝子として挙がっていた一六個のうちの一つ、リーベリンと呼ばれている遺伝子でした。この遺伝子の産物（Taqpep）は、膜結合性のタンパク質分解酵素で、ヒトの胎盤形成時に特異的に発現するタンパク質として知られていました。

五八匹の渦巻き模様のネコと一九匹の縦縞のネコのリーベリン遺伝子を調べた結果、四か所の違いが見つかりました。そのうちの二つは、八四一番目のトリプトファンおよび五九番目のセリンが、各々終止コドンに変わる変異でした（W841XとS59X）。これらをそれぞれ、タイプ1と2とします。残りは二二八番目のアスパラギン酸がアスパラギンに（D228N：タイプ3）、そして一三九番目のトレオニンがアスパラギンに（T139N：タイプ4）変わる変異でした。タイプ3はアメリカ合衆国の研究所で飼育されているグループにのみ見られる型で、野性種や一般のブリーダーの品種の中には見られません。タイプ1〜4の頻度は、それぞれ八三%、四%、二%、一一%でした。野性型とのヘテロ接合型はいずれも縦縞で、劣性変異であることがわかります。

これらの型のうち、タイプ1と2のどれか二つの型の組合せで、渦巻き模様になります。五八匹の渦巻き模様のネコのうち、五四匹はタイプ1のホモ接合体、四匹はタイプ1とタイプ2のヘテロ接合体でした（表8）。タイプ2の出現頻度は少ないのでこの五八匹の中にはホモ接合型は見つかりませんでしたが、後にノルウェージャンフォレストキャットで一匹だけ見つかっています。

タイプ4のホモ接合型は、通常の縦縞ですが、タイプ2とタイプ4のヘテロ接合型では、きれいな縦縞ではなく、少し縞模様が乱れます。また、タイプ1とタイプ4のヘテロ接合型（一〇匹）では、やはり少し乱れた縞模様のネコと通常の縦縞のネコが、それぞれ三匹と七匹観察されています。このことから、タイプ4も弱いながらもタビー模様に影響を与えているようです。

タイプ1の変異は、アビシニアンでは一〇〇%でした。アメリカン

表8 タビー模様の変異

遺伝子型†	渦巻き模様	縦縞	不定形渦
タイプ1/タイプ1	54	0	0
タイプ1/タイプ2	4	0	0
タイプ1/タイプ4	0	7	3
タイプ2/タイプ4	0	0	1
タイプ4/タイプ4	0	2	0

† いずれのタイプも野性型とのヘテロ接合型では縦縞の表現型

ショートヘアやアメリカンワイアーヘア、エジプシャンマウ、エキゾチックショートヘア、ヒマラヤンなどの品種にもよく見られます（七七％～八二％の頻度）。タイプ2の変異は、ノルウェージャンフォレストキャットにわりと見られ（二九％）、アメリカンショートヘアにもわずかに観察されています。タイプ4はマンチカン、オシキャット、ボブテイルに見られる変異です（一八％～二三％）。全体で見ると、約半分のネコがいずれかの変異を持っていました。

チーターは、きれいでこまやかな斑点（スポットと呼ばれる）を持つ動物として有名です（図22(c)）。一方普通のチーターよりも大きな斑点を持つキングチーターが知られています（図22(d)）。野性種としては、アフリカのサハラ地方の一部で生息しています。常染色体上の劣性変異であることが知られています。ときどき突然変異でも生まれることがあり、日本でも最近多摩動物公園で生まれたチーターの赤ちゃんが、キングチーターに特徴的な縞に近い斑点を持っていました。

北米で見つかったキングチーターを調べたところ、この変異もリーベリン遺伝子の変異であることが、今回の研究で同時にわかりました。九七七番目のアスパラギンのコドンに、一個の塩基の挿入があり、そのためにその後のアミノ酸配列は、一一〇個のまったく異なるアミノ酸の配列に変わっていました。このように、チーターでもネコと同様に、リーベリン遺伝子の産物が縞模様の形成に重要であることが示されました。

ではなぜこのタンパク質分解酵素の機能が損なわれると、縞模様が大きな渦巻き模様になるのでしょうか。その手がかりを得るために、チーターの皮膚の色の濃い領域と薄い領域との間で、作られるタンパク質にはどのような違いがあるのかが、網羅的に調べられました。その結果、濃い領域では薄い領域と比べると、チロシナーゼやＴＹＲＰ１遺伝子の発現が高まっていることが確認されました。

さらに、エンドセリン３と呼ばれる遺伝子（ＥＤＮ３）の発現も上昇していました。エンドセリンは、もともと血管上皮細胞から発見された、血管収縮作用を持つ生理活性物質です。二一個のアミノ酸からなり、三種類の異なる遺伝子から作られるエンドセリン１、２、３があります。遺伝子はそれぞれＥＤＮ１、２、３です。エンドセリンの受容体はＡとＢの二種類知られており、受容体Ａはエンドセリン１と２に高い親和性を示し、受容体Ｂはいずれにも同等の親和性を示します。すなわち、エンドセリン３は受容体Ｂに比較的特異的に結合します。

このエンドセリン３と受容体Ｂは、九章でヒトの色素異常の病気の原因遺伝子として出てきます。また、エンドセリンは個体の胚発生の過程でも重要な役割を果たしていることが知られており、メラノソームの発生、そしてその結果色素異常の病気とも関わっていると考えられています。ＥＤＮ３遺伝子をネズミに導入しエンドセリン３を過剰に作らせると、メラノサイト特異的遺伝子の発現の上昇を伴って、毛色が濃くなることも知られています。

Ta遺伝子から作られるタンパク質分解酵素が働かないと、なぜ縞模様が大きな渦巻き模様になるのかは、まだはっきりとはわかっていませんが、ＥＤＮ３の発現変動により維持されている胎児の発生時期において、周期的な毛色パターンを確立させるのに、このタンパク質分解酵素は寄与していると考えられています。

毛の長いネコ

長毛種と呼ばれる毛の長いネコとしては、ペルシャやノルウェージャンフォレストキャットなどが有名です。「ネコと遺伝学」では毛の長いマウスについて説明し、ＦＧＦ５という遺伝子の変異が機能しないと毛が長くなると書きました。当時はまだ、ネコの長毛種の変異が、どのような遺伝子によるものなのか、マウスと同じＦＧＦ５遺伝子なのかはわかっていませんでした。もともと上皮細胞の増殖を促進する因子として見いだされたＦＧＦには、たくさんのよく似た仲間が二三種知られており、ＦＧＦ５もそのうちの一つです。

ヒトのＦＧＦ５は二六八個のアミノ酸からなり、ネコのＦＧＦ５は二七〇個のアミノ酸からなりますが、九一％のアミノ酸が同じであり、非常によく似ています。ＦＧＦ５は脳や膵臓（すいぞう）のランゲルハンス島β細胞、そして毛の毛胞によくみられるタンパク質です。マウスでは、この遺伝子が機能しなくても個体の発達にはなんら異常はなく、唯一毛が長くなることがわかっています。その後長毛種のネコの遺伝子も詳しく調べられ、やはりこのＦＧＦ５遺伝子の変異であることが明らかになりました。

短毛種二五匹と長毛種二五匹の、計五〇匹のネコのＦＧＦ５遺伝子の配列が調べられました。短毛種としてはアビシニアン、アメリカンショートヘア、ブリティッシュショートヘア、バーミーズ、コーニッシュレックス、デボンレックス、エジプシャンマウ、ハバナ、オシキャット、ロシアンブルー、スコティッシュホールド、シャムが含まれ、長毛種にはバーマン、メインクーン、ノルウェージャンフォレストキャット、ペルシャ、ラグドール、ターキッシュアンゴラ、ターキッシュバンが含まれています。

その結果、これらのＦＧＦ５遺伝子の中に一〇か所のＤＮＡ配列の違いがありました。その中で長毛種に特徴的な変異は四か所でした。この四つのＦＧＦ５遺伝子の変異のいずれかにより、毛が長くなることがわかりました。

一つ目の変異は、ＤＮＡ配列中の三五六番目にチミン塩基が一個余分に挿入された変異です（356insT）。このため、それ以降のアミノ酸配列の情報が変わってしまい、本来二七〇個のアミノ酸からなるＦＧＦ５タンパクですが、一六〇個までしか正しいアミノ酸配列を持たないタンパク質ができてしまい、まともに機能しません。これを仮に、Ｍ１タイプとしましょう。

二つ目のＭ２タイプは、ＤＮＡの配列の四〇六番目がシトシンからチミンに変わっており、そのため一三六番目のアルギニンのコドンが終止コドンに変わっています。すなわちこの場合も一三五個のアミノ酸からなるFGF5タンパクしかできません。M3タイプは四七四番目のチミンの欠失で（474del）、一五七番目のアミノ酸までしか、まともなFGF5タンパクはできません。最後のM4タイプは、DNA配列の四七五番目のアデニンがシトシンに変わっており（475A＞C）、その結果アミノ酸配列中の一五九番目のトレオニンがプロリンに変わっています（T159P）。わずか一個のアミノ酸の違いだけでと思われるかもしれませんが、この違いがFGF5タンパクの機能に大きく影響するのでしょう。

さまざまな長毛種の品種が、これらの四種類のどの変異によるものかも調べられました。M1タイプの変異はラグドールのみに見られ、長毛のラグドールはFGF5遺伝子がM1タイプのホモ接合体か、あるいはM1タイプとM4タイプのヘテロ接合体、あるいはM3とM4の組合せなど、M1とM3とM4の変異タイプが含まれていました。M2タイプはノルウェージャンフォレストキャットに特徴的で、四匹調べた中で、三匹はM3タイプのホモ接合体、一匹はM2とM4のヘテロ接合体でした。

M3タイプは前述のラグドールの他にメインクーンにも見られ、四匹中一匹はM3のホモ接合体、三匹はM3とM4のヘテロ接合体でした。その他の長毛の品種（バリニーズ、バーマン、ヒマラヤン、ペルシャ、サイベリアン、ソマリ、ターキッシュアンゴラ、ターキッシュバン）はいずれもＭ４タイプの変異でした。Ｍ２タイプがノルウェージャンフォレストキャットにしかみられないことから、ノルウェージャンフォレストキャットの長毛の品種は、独自に発生したようです。

イヌでも多くの長毛種が、このＦＧＦ５の変異によることがわかっています。ＦＧＦ５タンパクの九五番目のシステインがフェニルアラニンに変わっています。ただ、一部の特に毛の長い種類、例えばアフガンハウンドなどでは、ＦＧＦ５の変異ではないことがわかっています。毛の長さを決める他の遺伝子があるようです。

毛のないネコと縮れ毛のネコ

毛のないネコとしては、スフィンクスが有名ですね。ネズミでも「ヘアーレスマウス」や「ヌードマウス」がいます。「ネコと遺伝学」でも述べましたように、ヘアーレスマウスの原因遺伝子（hr遺伝子）は明らかになっており、この遺伝子の異常による遺伝性の無毛の家系が、ヒトでも見つかっています。またその後、ヌードマウスの原因遺伝子も明らかになり、やはりネズミ遺伝子と同じ遺伝子が変異したヒトの無毛の家系も知られています。

他にもさまざまな動物で、毛がなくなる変異が知られています。例えば毛のないイヌとしてメキシカンヘアーレスドッグが知られています。胴体部分などの毛がありません。これは、ＦＯＸ１３

と呼ばれるタンパク質の遺伝子が七塩基分長くなった異常によるものです。

　無毛症を引き起こすラットも知られています。Ｒｃｏ３変異と呼ばれていましたが、ケラチンの仲間であるタンパク質の遺伝子の変異であることがわかりました。ケラチンはツメや毛などに多く含まれるタンパク質としてよく知られていますが、構造のよく似たケラチンがたくさんあります。例えばヒトでは四〇種以上知られています。これらのケラチンは、さらに大まかにタイプⅠとタイプⅡに分けられます。ではネコのスフィンクスは、どのような遺伝子の変異によるものでしょうか。他の動物で見つかっているものと同じでしょうか、あるいは、また別の遺伝子なのでしょうか。その原因の遺伝子は、意外なことから明らかになりました。

　ハムスターやモルモットなどの品種で、レックス（Ｒｅｘ）タイプ（あるいはcurly）というのがあります。Ｒｅｘは「短上毛変異種」と訳されていますが、毛がカールしています。イヌの縮れ毛はカーリーとかワイヤーとかウエイビーと呼ばれ、ポーチュギーズ・ウォーター・ドッグなどが有名です。これらのレックスタイプの縮れ毛のイヌでは、ＫＲＴ７１タンパクの一五一番目のアルギニンがトリプトファンに変わっていることがわかっています（R151W）。ＫＲＴ７１タンパクは、先ほど出てきたタイプⅠのケラチンに属するタンパク質です。変異型のホモ接合型で、レックスタイプになります。このＫＲＴ７１の変異による縮れ毛は、他にもＤＮＡ配列中の塩基が欠失することにより、不完全なＫＲＴ７１タンパクしか作られないウシの変異種や、タンパク質の中の一個のアミノ酸が欠失するマウスの変異種などいくつか知られています。

さらに、ラットのレックスタイプの中に、KRT71のDNA配列が欠失することにより、タンパク質としては六個のアミノ酸がまとまって少なくなっている変異型があります。おもしろいことに、この変異（Re）は優性で、ヘテロ接合型のRe／＋ではカールした毛ですが、ホモ接合型のRe／Reでは毛がなくなることが知られています。マウスのKRT71の劣性変異種（Rco3）では、Rco3／＋では野性型と変わりませんが、こちらもホモ接合型のRco3／Rco3になると毛がなくなります。

ネコでは少なくとも、九種のレックスタイプの変異を持つ品種が確立されています。典型的な品種としては、アメリカンワイアーヘア、コーニッシュレックス、デボンレックス、ジャーマンレックス等です（表9）。その他にも、コハナ、ラパーム、ピーターボルド、シルキークレックス

表9　レックスタイプとスフィンクスの遺伝様式

品　種	遺伝様式†
アメリカンワイアーヘア	優性
コーニッシュレックス	劣性
デボンレックス	劣性
ジャーマンレックス	劣性
ラパーム	優性
セルカークレックス	優性
テネシーレックス	劣性
スフィンクス	劣性

†　いずれも常染色体変異

があります（こちらはいずれも優性変異）。

また、毛のないネコすなわちスフィンクスには、カナダ、イギリス、フランス、ドイツ、ロシアなどでの品種がいます。ロシアのスフィンクスは半優性ですが、その他のスフィンクスは劣性変異であることが知られています。また、イギリスのスフィンクスは、バーマン由来とされています。

一方、カナダのスフィンクスはデボンレックス由来であることが知られています。このことから、デボンレックスとスフィンクスのKRT71遺伝子の構造が詳しく調べられました。ネコのKRT71のタンパク質は五二四個のアミノ酸からなり、ヒトと比べても九四％のアミノ酸の配列が同じです。

ネコのKRT71遺伝子のDNA配列を調べた結果、デボンレックスでは、配列に欠失と挿入（八一個の塩基の欠失と、そこから少し離れた場所での一個の塩基の挿入）が生じていました（図23）。その結果、最終的に三五個のアミノ酸が欠失したKRT71タンパク（Δ35）ができることがわかりました。この部分はケラチンタンパクとして二量体を形成するのに重要な領域で、そのためケラチンとしての機能が低下し、縮れ毛になると考えられます。

調べたすべてのデボンレックスでは、二つの遺伝子ともにΔ35タイプの遺伝子のホモ接合体でした。このことからも、デボンレックスのKRT71遺伝子の変異は、劣性であることがわかりました。ちなみに、デボンレックスと同様に劣性の変異であることがわかっているジャーマンレック

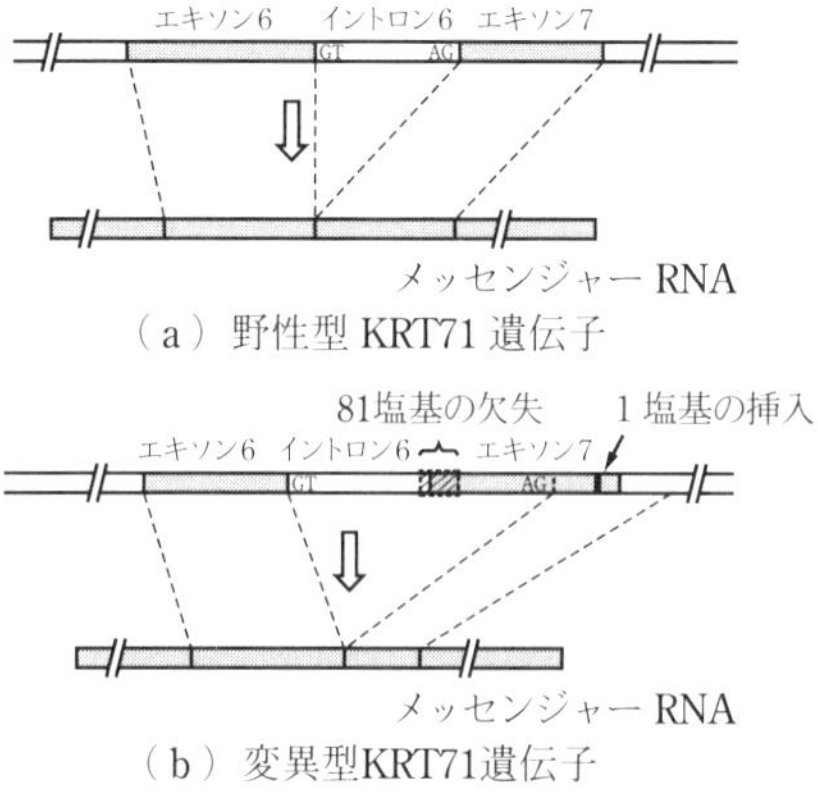

図 23　レックスタイプの KRT71 遺伝子

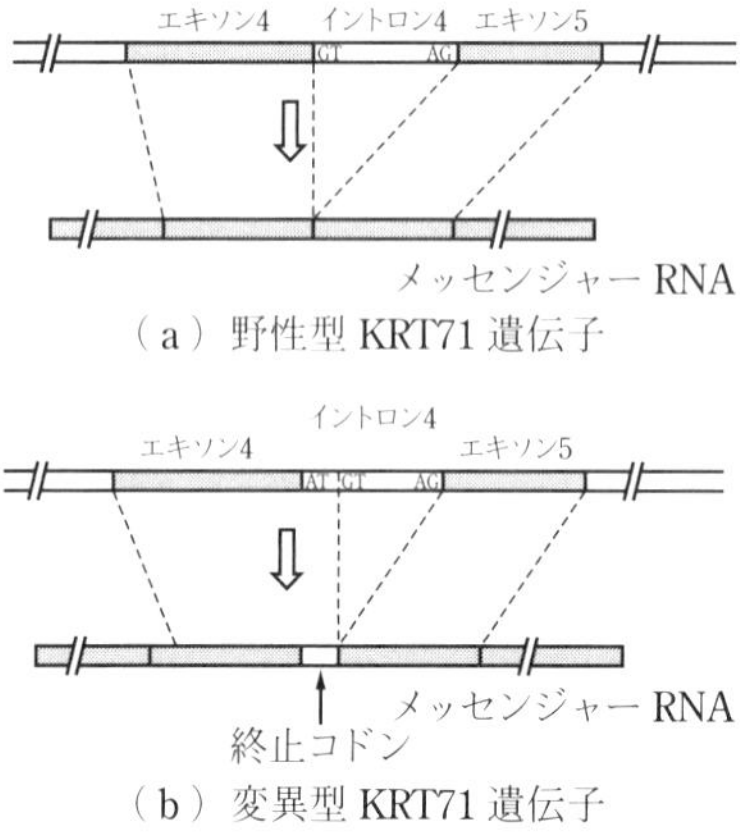

図 24　スフィンクスタイプの KRT71 遺伝子

ス、コーニッシュレックス、テネシーレックスでは、Δ35タイプの変異は見つかっておらず、KRT71の遺伝子以外の可能性が示唆されています。

一方、スフィンクスでは、KRT71の遺伝子の配列で一個の塩基が変化しているため（図24）、野性型の二七二個からなるアミノ酸配列に、異常な九個のアミノ酸からなる配列が付け加わった短いタンパク質しかできません（Δ272タイプ）。三四匹のスフィンクスのKRT71を調べたところ、二六匹はこのΔ272タイプの遺伝子のホモ接合体でした。六匹はΔ272タイプと先ほどのΔ35タイプの遺伝子のヘテロ接合体でしたので、こちらの組合せでもヘアーレスになります。

Δ35タイプのホモ接合型ではヘアーレスにならないことから、Δ272タイプはΔ35タイプに対して優性であることがわかります。Δ272タイプとΔ35タイプは、ともに野性型の遺伝子に対して劣性です。ただ、三四匹のスフィンクスのうち、残りの二匹ではKRT71遺伝子は正常でしたので、別のまだ不明の遺伝子の変異で、ヘアーレスになっていると考えられます。

ではなぜKRT71遺伝子の配列に、デボンレックスの変異では八一個の塩基の欠失と一個の塩基の挿入が生じると、最終的に三五個のアミノ酸が欠失したKRT71タンパク（Δ35）ができるのでしょうか。またスフィンクスの変異では一個の塩基が変化しているだけですが、アミノ酸置換が生じたり、あるいはそこでタンパク合成が終了するわけではなく、異常な九個のアミノ酸からなる配列が付け加わった短いタンパク質ができるのでしょうか。これらはいずれも、前にB遺伝子のところ（四章）で出てきた「スプライシング」のためです（図18）。

デボンレックスのΔ３５タイプでは、ＫＲＴ７１遺伝子のイントロン6とエキソン7の境界あたりで、イントロンとして除くのに重要なシグナルであるＡＧの配列を含む八一塩基が欠失しています（図23）。そのため正常なスプライシングができずに、野性型とは異なったメッセンジャーＲＮＡが作られてしまいます。またスフィンクスのΔ２７２タイプでは、イントロン4において、イントロンとして除かれるのに重要な最初の配列であるGがAに変わっています（図24）。そのため、イントロン6の一部がそのままメッセンジャーＲＮＡの配列として残り、タンパク合成に用いられます。その結果、余分な九個のアミノ酸が付け加わり、その後終止コドンがあるためにタンパク合成がそこで止まってしまうのです。

9　ヒトと毛色遺伝子

ヒトとA遺伝子

アグチタンパクの変異で、皮膚や毛色が黒になることを述べてきました。またMC1Rの変異による黒もありました。ではいわゆる黒人と呼ばれる人たちは、アグチタンパクの変異なのでしょうか、それともMC1Rの変異なのでしょうか。日本人のように黒い毛ではどうなのでしょうか。ヒトも、さまざまな毛色や皮膚の色を持っています。どのような遺伝子がこれらの色に関与しているのでしょうか。ヒトの毛色遺伝子についても、研究が進んでいます。

まずアメリカ合衆国のアリゾナ州の先住民族であるピマ族や、スペインのバスク人、オーストラリアの先住民、ヒスパニック系、黒人系や白人系アメリカ人のアグチ遺伝子が調べられました。その結果、いずれもアグチ遺伝子は同じで、これらのヒトの間で特に違いは見つからなかったそうです。ただタンパク質の情報を担っているＤＮＡ領域以外で、配列がＡのヒトとＧのヒトとがいることがわかっていますが、これと毛色や目の色との関係は、はっきりとはわかっていません。いずれにしても、ネコに見られるような、アグチタンパクの変異による黒色はヒトではなさそうです。これはもっともなことです。ヒトの毛にはアグチパターンはありませんからね。ヒトではＭＣ１Ｒの違いによって毛色の多様性が生じるそうです。これについては後で述べます。

ヒトとＢ遺伝子

眼皮膚白皮症（oculocutaneous albinism：ＯＣＡ）という病気は、色素異常のため皮膚や毛胞や目の色素のメラニンがない、または少なく、色覚異常を伴う病気です。四種類のタイプ（ＯＣＡ１～ＯＣＡ４）が知られており、それぞれ原因遺伝子もわかっています。あとでまた、ヒトの色素合成に異常のある病気についてまとめて紹介しますが、四種類のＯＣＡのうち、ＯＣＡ３あるいはrufous OCA（ＲＯＣＡ）と呼ばれるタイプが、アフリカに多い例として知られています。

アフリカ南部では、ＯＣＡ３の罹患率は八五〇〇人に一人だそうです。色覚異常を伴い、皮膚は黄色がかった赤（赤れんが色）、赤褐色、褐色（ブロンズ色）などになり、毛の色は赤味がかった茶色になります。その原因遺伝子は、B変異すなわちTYRP1の変異です。ヒトのTYRP1遺伝子は第九染色体にあり、遺伝子産物は五三七個のアミノ酸からなるタンパク質です。

一九人のOCA3の患者について、TYRP1遺伝子の配列（それぞれ遺伝子は二個ずつ持っているので、合計三八個のTYRP1遺伝子）が調べられました。その結果、一六六番目のコドンでCからGへの変異が起こっており、そのためセリンが終止コドンに変わっていた変異（M1タイプ）と、三六八番目のアラニンのコドンが欠失している変異（M2タイプ）が見つかりました。

一九人のうち、三人がM1／M1、四人がM2／M2、一〇人がM1／M2でした。残りの二人は、それぞれM1タイプとM2タイプの遺伝子を一個ずつ持っていましたが、残りの遺伝子については、変異は見つかりませんでした。おそらくは、タンパク質の情報以外のところに変異が生じていると思われますが、詳しいことはわかっていません。いずれにしても、TYRP1遺伝子のM1かM2のいずれかのタイプの変異の組合せで、OCA3を発症することがわかりました。

ヒトとC遺伝子

いわゆる白人と呼ばれる人種はメラニン色素が少ないのですが、なぜメラニン合成能が低下しているのでしょうか。実験室で、黒人と白人の皮膚を培養して、細胞のままでチロシナーゼの活性を測ると、一〇倍の差があるが、メラノソームを単離して測ってみると、差がなかったそうです。少なくともチロシナーゼタンパクは黒人でも白人でも同じように作られ、同じような活性を持っているようです。チロシナーゼよりも後の経路で、メラニン合成量に違いが出るようです。

ヒトのチロシナーゼは五二九個のアミノ酸からなるタンパク質で、遺伝子は第十一染色体にあります。眼皮膚白皮症のＯＣＡ１は、このチロシナーゼ遺伝子の変異による疾患です。八一番目のアミノ酸がプロリンからロイシンに変化しているチロシナーゼ（P81L）は、活性がないことがわかっています。したがって、チロシナーゼ遺伝子が二つともこの変異を持っていると、ＯＣＡ１になります。

興味深いことに、ヒトのチロシナーゼ遺伝子の変異の患者でも、シャムネコと同じように温度感受性を示す変異が知られています。ある家系で、片方のチロシナーゼは活性のないP81Lですが、もう一つは四二二番目のアルギニンがグルタミンに変わっている（R422Q）チロシナーゼ遺伝子を持つ患者が見つかりました。この患者の頭髪や脚の毛乳頭から単離したチロシナーゼの活性は、温度によって変わることがわかりました。すなわち、三五度以上では活性が顕著に低下しました。この他にも、四〇二番目のアルギニンが同様にグルタミンに変わった温度感受性のチロシナーゼ（R402Q）もヒトで見つかっています。

酵素活性が温度感受性であるという場合でも、原因が例えばその酵素タンパク質の修飾が温度に依存していて、結果的に活性も温度による影響を受けてしまう場合があります。また、その酵素の活性を調節している別のタンパク質が存在し、そのタンパク質の活性が温度による影響を受けるので、そのために酵素の活性が温度に依存するということも考えられます。そこでR422Qタイプのチロシナーゼ遺伝子を人工的に作って、ヒトの培養細胞内で酵素を作らせてみました。この場合、そのタンパク質の修飾や、その酵素の活性を調節している別のタンパク質は、もしあったとしても正常です。

酵素活性を測定した結果、正常な野性型の遺伝子から作ったチロシナーゼは、三一度でも三七度でも、ほとんど活性に差はなかったのに対し、変異型の遺伝子から作った酵素は、三一度ですでに野性型の二八%、三七度では野性型の一%ほどしか活性がありませんでした。このことから、確かに変異によってチロシナーゼ酵素タンパクの活性が、温度によって変化することがわかりました。

シャムのチロシナーゼの変化している場所は三〇一番目のアミノ酸ですが、ヒマラヤンマウスでは、四二〇番目のヒスチジンがアルギニンに変わっていることが知られています。R422Qのすぐ側です。この辺りのアミノ酸の配列はいろんな動物でよく似ています。ヒマラヤンラビットでは、二九四番目のグルタミン酸がグリシンに変わっています（E294G）。

ヒトとD遺伝子

ネコのD変異はメラノフィリンの遺伝子の変異でした。メラノフィリンはミオシンＶａとＲＡＢ２７Ａとともに、色素細胞内におけるメラノソームの移動に必要なタンパク質です（図16）。ネコではD変異しか知られていませんが、マウスなどではいずれのタンパク質の遺伝子変異も見つかっていることを紹介しました。ヒトにおいても、これら三つのタンパク質のそれぞれの遺伝子変異による疾病が知られており、グリセリ症候群（Griscelli syndrome：ＧＳ）と呼ばれています。ＧＳⅠはミオシンＶａタンパクの変異で、マウスでも同様の疾患が見られますが、重篤な神経系の障害を伴います。ＧＳⅡはＲＡＢ２７Ａタンパクの変異で、免疫系の疾患を伴います。免疫に関わるＴリンパ球における、顆粒の輸送にも異常が見られるそうです。

ＧＳⅢがメラノフィリンの変異で、ネコなどのD変異に相当します。やはり色素が薄くなりますが、特に病的な徴候は現れません。ネコのD変異などでも、特に健康に問題はありません。したがってメラノフィリンは、メラノソームの輸送のみに関わっているようです。それに対して、ミオシンＶａタンパクやＲＡＢ２７Ａタンパクは、メラノソームの輸送以外にも、重要な生理機能を持っていることが推定されます。

ヒトのＤ遺伝子の産物、すなわちメラノフィリンは、ちょうど六〇〇個のアミノ酸からなるタンパク質ですが、ＧＳⅢの患者では一個の塩基が変異しており、そのため三五番目のアルギニンがトリプトファンに変化（R35W）していました。ニワトリではこのメラノフィリンの変異により毛色が薄くなった場合、「ラベンダー変異」と呼んでいますが、ヒトとまったく同じ変異です（R35W）。マウスではこの三五番目のアルギニンを含む七個のアミノ酸が欠失した変異型が知られています。ネコでは前に述べたように、二八番目以降のアミノ酸配列が変わってしまっています。

ヒトとＥ遺伝子

先に、ネコ科の黒いジャガランディやジャガーの場合、メラノコルチン１というホルモンやアグチタンパクが結合する受容体である、ＭＣ１Ｒタンパクの変異であると書きました。アグチタンパクが作用しなくても、ＭＣ１Ｒがつねにアグチタンパクが結合しているように働くと、黒メラニンだけを作ります。一方、ＭＣ１Ｒタンパクがまったく機能しないと、いつも茶メラニンだけを作るようになり、後で述べる赤毛などを生じます。同じ一つの遺伝子の変異で、黒くなったり赤くなったりするのです（図21）。

また変異の組合せによっては、さまざまな色を生じるようになります。黒くなる例としては、先ほどのジャガーやジャガランディの他に、ネズミ、イヌ、ウシ、ブタ、ヒツジ、キツネなど、また毛色が薄くなったり赤茶色になる例としては、ウマ、クマ、ヒトなど前に紹介しました。イエネコではこのMC1Rタンパクの変異による毛色の変化は、ノルウェージャンフォレストキャット以外は知られていませんが、ヒトやネズミのMC1R遺伝子はよく研究されていて、この遺伝子の変異と毛色の変化との関係がよくわかっています。

ヒトの赤毛とMC1Rタンパク

コナン・ドイルの推理小説、シャーロック・ホームズのシリーズで、「赤毛組合」という短編があります。ある男が、その赤毛をほめられて、簡単な仕事でお金をもらえることになるのですが、実際には犯罪に巻き込まれていたというお話です。また「赤毛のアン」も有名ですね。このようにヨーロッパでは赤毛のヒトがときどき見られます。この「赤毛にする遺伝子」が、MC1Rタンパクの遺伝子の変異型です。

MC1Rの遺伝子はなぜか変異の多い遺伝子で、ヒトでは三〇以上の変異が知られています。白人ではMC1Rタンパクのアミノ酸配列が他のアミノ酸に変化してしまう変異が九つも知られており、その頻度も一%以上だそうです。八五九人の白人を調べた結果、赤毛のヒトの六〇%が一つまたは二つの変異を持っていて、野性型を持っていた赤毛の白人は一人もいなかったと報告されています。それぞれの変異の間で、頻度に違いはあまりないそうです。ただスコットランド人の間では、D294H変異だけは一一%程度の頻度という報告もあります。このD294HやR151CやR160Wなどの変異と、赤毛との関係が詳しく研究されています。

前に図14のところで述べたように、MC1Rにメラノコルチン1が結合することにより、細胞内のサイクリックAMPの濃度が上昇します。それにより黒メラニンよりも茶メラニンの合成が促進されています。そこで、異なる変異のMC1R遺伝子を持つ色素細胞を培養して、メラノコルチン1の刺激によるサイクリックAMP生産量が調べられました。それによると、V60Lでは野性株に比べてサイクリックAMP濃度が低下しており、V92Mではメラノコルチン1に対する親和性が、野性株の半分程度でした。また、R151C、R160W、D294Hでは、メラノコルチン1の刺激によるサイクリックAMP生産がほとんど見られなかったそうです。

赤毛のネアンデルタール人

ネアンデルタール人って聞いたことありますよね。現生人類と類人猿との中間の特徴を持ちます。ドイツのデュッセルドルフ郊外のネアンデル谷（Neanderthal）にあったフェルトホッファー洞窟から発見されたのが最初で、この名前がつけられました。その後、ネアンデルタール人の完全に近い骨格化石がフランスのラ・シャペローサン、ラ・フェラシー、ラ・キーナ、その他ヨーロッパ各地からいくつも発見されています。ネアンデルタール人は、ヨーロッパを中心に西アジアから中央アジアにまで分布しており、旧石器時代の石器の作製技術を持ち、火を積極的に使用していたそうです。

前述の通り、ネアンデルタール人は広い地域に分布して多数の化石が発見されており、それらは発見地名を冠した名称で呼ばれています。ネアンデルタール人は原人と呼ばれ、一時期はわれわれ現代人（ホモサピエンス）の先祖と考えられていましたが、その後の研究で、別系統の種類であることがわかりました。過去では「旧人」と呼称していましたが、ネアンデルタール人が「ホモサピエンスの先祖ではない」ことが明らかとなってからは、この語は使われることがありません。四〇万年くらい前にわれわれの祖先とネアンデルタール人は分離し、二万八〇〇〇年前くらいまでユーラシア大陸にいたようですが、その後絶滅してしまいました。われわれの先祖との闘争の結果、絶滅したという説もあります。

このネアンデルタール人が、色白で赤毛だったようです。と、このように書くと、「何でそんなことがわかるねん」と突っ込みを入れられそうです。マンモスのように、シベリアの凍土の中から、冷凍の遺体が見つかった、とかいうのなら話は別ですが、今のところ骨しか見つかっていません。でもこの骨の研究から、毛色や皮膚の色が推定できるのです。骨に付着しているごくわずかのDNAを調べた研究からわかったのです。これまで述べてきたように、DNAはタンパク質の設計図です。ですから、DNAの配列を調べることにより、タンパク質の性質もわかる場合がありうす。その結果、赤毛のメラニンを作っていただろうと、推測できるのです。これについて、少し詳しく述べましょう。

Monti Lessini（イタリア）と**El Sidrón 1252**（スペイン）で発見されたネアンデルタール人の骨の化石から、DNAを抽出してその配列が調べられました。化石から得られたDNAはごくわずかですので、その構造を調べるには、まずそれを増やさなくてはなりません。これには前に出てきたPCR法という方法を使います。PCR法は微量のDNAを増やすのに非常に便利な方法ですが、この方法でDNAを増やして研究に用いるには、いくつかの問題点を解決する必要があります。一つは、増やすときの基となるDNAの品質です。化石から得られるDNAの品質が悪ければ、いくらPCR法が優れていても、使うことができません。まず、DNAの品質が大丈夫かどうかを、確かめる必要があります。それにはアミノ酸が用いられました。

化石試料からは、DNA以外にタンパク質も、微量ではありますがDNAよりは多く得られます。タンパク質はアミノ酸がたくさんつながったものです。このアミノ酸には種類がたくさんありますが、ほとんどが光学活性体です。光学活性体というのは、右手と左手のように、その形が鏡に映した物体のように、対称になった物質のことです。一見同じように見えますが、決して重なることはありません。天然のアミノ酸はL型と呼ばれるもので、Lと対称の形のD型はほとんどありません。

しかし化石試料の保存状態が悪いと、徐々にD型に変わっていき、最後はD型とL型がほぼ同じ量が混ざった状態になります。つまり、D型のアミノ酸がたくさん検出されたら、その化石試料は保存状態が悪い、ということになります。幸い、先ほどのネアンデルタール人の化石からは、D型のアミノ酸はあまり検出されなかったので、化石の保存状態は悪くないことがわかりました。このことから、DNAの保存状態も、おそらく悪くないだろうと考えられます。

そこで、Monti Lessini の化石からDNAを抽出して、PCR法によってMC1Rの遺伝子の中の一二八塩基分の長さのDNAが増幅されました。その結果、MC1R遺伝子の九一九番目の塩基がGであることがわかりました。これまでにわかっているヒトのMC1R遺伝子の九一九番目の塩基はAです。その結果、MC1Rタンパク質の三〇七番目のアミノ酸は、普通はアルギニンですがネアンデルタール人ではグリシンであることがわかります。

ただ、ここで一つまた大きな問題が生じます。それは、PCR法を用いてDNAを増やしたとき、それは本当にネアンデルタール人のDNAを増やすことができたのか、という疑問です。PCR法は、非常に微量なDNAでも増やすことができます。われわれが化石を扱うときに、化石には当然現代人であるわれわれの手が触れます。したがって、ネアンデルタール人のDNAを増やしたつもりでも、そこに混ざっていたわれわれのＤＮＡを増やしてしまっている可能性もあります。

これを確かめるために、Monti Lessini と El Sidrón 1252 両方の骨からさらにＤＮＡが増幅され、配列が調べられました。Monti Lessini から一回、El Sidrón から四回ＤＮＡの増幅が行われ、それぞれの配列が決定されました。その結果いずれのＤＮＡの配列も、七五％～九三％の確率でＧであることがわかりました。他の研究室が保存していた Monti Lessini のネアンデルタール人の化石からも、六三％～九六％の確率でＧであるという結果が得られています。

この結果は、逆にいえばＡの配列も含まれていたということです。しかしこれはわれわれがすでに化石を触っているので、現代人のＤＮＡが混じってしまうことは避けられないからです。ただ、現代人でもＧの配列を持った人がいるとすれば、結論は変わってきます。そこで念のために、二八〇〇人以上の現代人のＭＣ１Ｒの遺伝子の配列を調べましたが、すべてＡの配列でした。

では、他の動物のＤＮＡが混ざっている可能性はどうでしょうか。幸いなことに、キツネやウシ、ヒツジでは三〇七番目のアミノ酸はリシンであり、マウスではメチオニンです。これらのことから、他の動物のＤＮＡをＰＣＲ法で増やしてしまった可能性も低く、ネアンデルタール人だけが、三〇七番目のアミノ酸がグリシンであったことになります。

では、三〇七番目のアミノ酸がグリシンであったとしたら、ＭＣ１Ｒタンパク質の働きは、どのようになるのでしょうか。これまでに出てきた、イヌのゴールデン・レトリーバーなどは、三〇六番目のアルギニンが終止コドンに変わっていたため、毛色が茶になっています。グリシンへの変異によるMC1Rの機能の変化を調べるために、人工的に三〇七番目のアミノ酸がグリシンに変わるMC1R遺伝子が作られました。そしてこれを、サルやネズミ由来の培養細胞（実験室で人工的に培養した細胞）に導入しました。それらの細胞を用いて、メラノコルチン1の刺激によるサイクリックAMPの産生を調べてみたところ、産生量が低下していることがわかりました。サイクリックAMPの量が少ないと黒メラニンは作られずに、毛色は茶になることがわかっています。したがってこれらのことから、ネアンデルタール人の毛色は赤毛（茶）であったと推測されています。

毛色遺伝子と病気

皮膚や毛の色素が薄くなり視覚異常を伴う病気が、色素異常症としていくつか知られています。メラニン色素合成に関わる酵素遺伝子の変異によるものです。代表的な疾患としては、前に出てきた眼皮膚白皮症（OCA）やグリセリ症候群（GS）の他にも、チェディアック - 東症候群（Chediak-Higashi syndrome：CHS）、ワーデンブルグ症候群（Waardenburg syndrome：WS）などがあります。いずれも原因遺伝子がつぎつぎと同定されてきており、疾患との関係もはっきりしてきています。ここでは、これまでにネコの毛色などで出てきた遺伝子の変異を含む、眼皮膚白皮症（ＯＣＡ）とグリセリ症候群（ＧＳ）、そしてワーデンブルグ症候群（ＷＳ）の原因遺伝子について、簡単にご紹介します。

眼皮膚白皮症（ＯＣＡ）には四種類のタイプ（ＯＣＡ１〜ＯＣＡ４）があり、ＯＣＡ１とＯＣＡ３は、すでに出てきました。ＯＣＡ１はチロシナーゼ、ＯＣＡ３はチロシナーゼ関連タンパク１（ＴＹＲＰ１）の遺伝子の変異です。ヨーロッパや日本では、ＯＣＡの半分はこのチロシナーゼの欠損であるＯＣＡ１です。アフリカ地方ではＯＣＡ１は少ないようで、四万人に一人くらいの発症率だそうです。

ＯＣＡ２は**brown OCA**とも呼ばれ、南アフリカの黒人によく見られる劣性変異による病気です。チロシナーゼの活性は正常なので、チロシナーゼポジティブＯＣＡとも呼ばれます。罹患率は三九〇〇人に一人で、キャリアも含めると三三人に一人だそうです。この病気の原因遺伝子は、第一五染色体上にある**P gene**と呼ばれる遺伝子で、二七〇〇塩基ほどのＤＮＡ配列の欠失があるそうです。**P gene**は、もともとマウスで**pink-eye dilute gene**として知られていた遺伝子で、名前の通り、マウスの目がピンク色になり、毛色が薄くなります。この遺伝子から作られるタンパク質はメラノソームの膜の中にあり、メラノソームの正常な発生や、チロシナーゼあるいはチロシナーゼ関連タンパクのメラノソーム内への輸送に関わっていると考えられていますが、まだはっきりとはその機能はわかっていません。

ＯＣＡ３はrufous OCAとも呼ばれ、やはりアフリカ人によく見られます。原因遺伝子はチロシナーゼ関連タンパク１の遺伝子（ＴＹＲＰ１）、すなわちＢ遺伝子であることは、先に述べました。黒人の家系で、淡褐色の皮膚を呈します。メラニン色素量が激減するわけではありません。今のところ日本人ではこのタイプは見つかっていません。先にも述べたように、チロシナーゼ関連タンパク２の遺伝子（ＴＹＲＰ２）によるＯＣＡは、ヒトではまだ知られていません。

ＯＣＡ４は最近見つかった、比較的まれなタイプです。しかし、日本人のＯＣＡ患者の一八％はこのタイプだそうです（四分の一という報告もあります）。不均一な大きさや形のメラニン顆粒が増え、成熟メラニン顆粒が減少します。原因遺伝子はＭＡＴＰという遺伝子で、第五染色体上にあります。この遺伝子から作られるタンパク質は五三〇個のアミノ酸からなる膜タンパク質で、したがって膜に存在します。植物のショ糖の輸送系タンパク質と構造が似ているそうですが、その機能はよくわかっていません。ただ、メダカを使った実験で、色素形成に必要であり、メラノソームにおいてなんらかの輸送系の機能を持っていると考えられています。一章で触れたように、栗毛色のウマにこの変異が加わると、毛色が薄くなります。

グリセリ症候群（ＧＳ）には三つのタイプがあり、それぞれＧＳⅠはミオシンＶａタンパク、ＧＳⅡはＲＡＢ２７Ａタンパク、ＧＳⅢはメラノフィリンの遺伝子の変異です。つまり、メラノソームの移動に関わるタンパク質の異常による疾患です。ネコではＧＳⅢに相当するメラノフィリンの遺伝子の変異しか、今のところ知られていません。すでにヒトのGSⅢについては、特に病的症状は見られないことは述べました。一方ヒトのGSⅠの患者では、メラニンの減少以外に神経系の異常も見られるそうです。GSⅡでは免疫関連の異常や、血球貪食性症候群という、免疫細胞が自らの細胞を食べてしまう症状を呈するそうです。

ワーデンブルグ症候群（WS）は、体全体に大きな白斑を生じ、虹彩（こうさい）の色素異常と難聴を伴うのが特徴です。その他の症状も合わせて、大きく四つの型（WS1～WS4）に分類され、それぞれ原因遺伝子が明らかになっています。WS1とWS3はPAX3遺伝子、WS2はMITF遺伝子、WS4はSOX10遺伝子の変異によるもので、いずれも優性変異です。

MITFタンパクは白ネコのところで出てきたKIT遺伝子や、チロシナーゼ遺伝子、チロシナーゼ関連タンパク1の遺伝子（TYRP1）から、どれだけメッセンジャーRNAを作るか（転写）を調節するタンパクです。KITタンパクは、色素細胞の発達に重要な働きをします。またPAX3とSOX10はいずれもMITF遺伝子の転写を調節するタンパク質です。

WS4はさらにEDN3遺伝子とEDNRB遺伝子の変異によっても引き起こされます。EDN3遺伝子は、前にタビー模様のところで出てきたエンドセリン3の遺伝子で、EDNRBはエンドセリン3の受容体です。エンドセリン3もその受容体も、一部はKITタンパクを介して、やはり色素細胞の発生・成熟に重要な働きをしています。白ネコが難聴を伴うと紹介しましたが、ヒトの

ＷＳもＫＩＴタンパクが関わっていますので、難聴を伴います。

ペルシャ、バーミーズ、アビシニアンなどで、ヒトの色素異常症と同じような症状を示すネコが見つかっています。そこでこれらのネコが、ヒトの代わりに実験材料として研究に用いられています。ネコは単にペットとしてだけでなく、このような医療の分野でも、ヒトに貢献してくれています。

10　血液型と遺伝子

ネコの血液型

われわれヒトの血液型として、ＡＢＯ型やＭＮ型やＲｈ型など、三九種もの型が知られていいます。イヌや馬など他のほ乳類でも、いくつかの血液型が知られています。ただ、ネコでは今のところ明確な血液型は一種類のみで、ヒトと同じように、Ａ型、Ｂ型、ＡＢ型と呼ばれています。しかし、後で述べるように、関係する酵素タンパク質（そしてその遺伝子）は、ヒトのＡＢＯ型のものとはまったく異なります。

一般にネコ全体で見ると、圧倒的にA型が多いそうです。例えば、シャム、トンキニーズ、バーミーズ、ノルウェージャンフォレストキャット、アメリカンショートヘア、オリエンタルショートヘアなどは、ほとんどA型です。ただ血統書付きの一部のネコでは、B型が多い品種もあるそうです。例えばブリティッシュショートヘアやデボンレックスでは、A型とB型はほぼ同じ割合で、アビシニアン、ヒマラヤン、ペルシャ、バーマン、ソマリでは二割程度がB型だそうです。

もちろん普通のイエネコもA型が多いのですが、地域によって差もあり、カリフォルニアやオーストラリアでは、他のアメリカ合衆国の地域やヨーロッパに比べてB型が多いそうです。逆にオーストラリアでは、アビシニアンやソマリはほとんどがA型だそうです。ネコの血液型にはもう一つAB型がありますが、これは非常にまれです。オーストラリアでは〇・四％、カナダやアメリカ合衆国では〇・一四％という報告があります。

ネコの血液型は非常に重要で、輸血の際だけでなく、「新生児溶血症」という疾患もあります。これには抗体が関与しています。抗体というのは、その個体にはない異物が外部から侵入してきたときに、それと結合して処分するための自己防衛のためのタンパク質です。例えばネコでは、A型の血液型の個体にB型の血液が入ってきたときには、それを異物と見なして抗体が攻撃しますので、当然輸血はできません。B型のネコには、A型の血液は輸血できません。

輸血の場合は当然どちらの組合せにも注意が必要なことはわかりますが、それ以外にも、B型の母親からA型の子ネコが生まれたとき、この抗体による攻撃が問題になります。B型のネコはA型の血液に体する非常に強い抗体を持っています。母乳の中にも強いA型に対する抗体が含まれています。そこでA型の子ネコがB型の母親から母乳をもらうと、子ネコの血液中でその抗体による攻撃のために、血管が詰まって死んでしまいます。これを「新生児溶血症」と呼んでいます（図25）。新生児溶血症が起こるのを避けるためには、子ネコには人工乳を与える必要があります。

一方A型のネコは、後で述べますが、少しだけB型の赤血球を持っているので、B型に対する抗体はそれほど強くありません。したがって、A型の母親とB型の子ネコの組合せでは、新生児溶血症の心配はありません。ネコの血液型は、市販のネコの血液型判定キットで簡単に調べることができます。ただ、A型やB型をAB型と判定してしまうこともあるそうなので、注意が必要です。

では、そもそも血液型とは何が違うのでしょうか。A型とB型では赤血球の表面が少し違っているのです（図26）。赤血球の表面にあるタンパク質に、ノイラミニン酸という化合物がついています。A型の赤血球では、これにさらにアセチル基（酢酸という酢の主成分）がついています。B型ではアセチル基ではなくグリコリル基というものに変わっています。じつはA型とB型の違いは、アセチル基をグリコリル基に変える酵素（シチジンモノホスホ‐N‐アセチルノイラミニン酸ヒドロキシラーゼという長い名前の酵素です）があるかないかの違いです。この酵素は簡単にCMAHと略されています。

A型のネコはこのCMAH酵素を持っています。ですからほとんどのアセチル基がグリコリル基に変わっています。でも少しはアセチル基の赤血球も残っているので、B型の赤血球に対する抗体

B 型の母親（bb）と A 型の父親（A-）からは、A 型の子ネコが生まれる可能性がある。このとき、母親の母乳により子ネコで新生児溶血症が起こる。

図 25　ネコの新生児溶血症

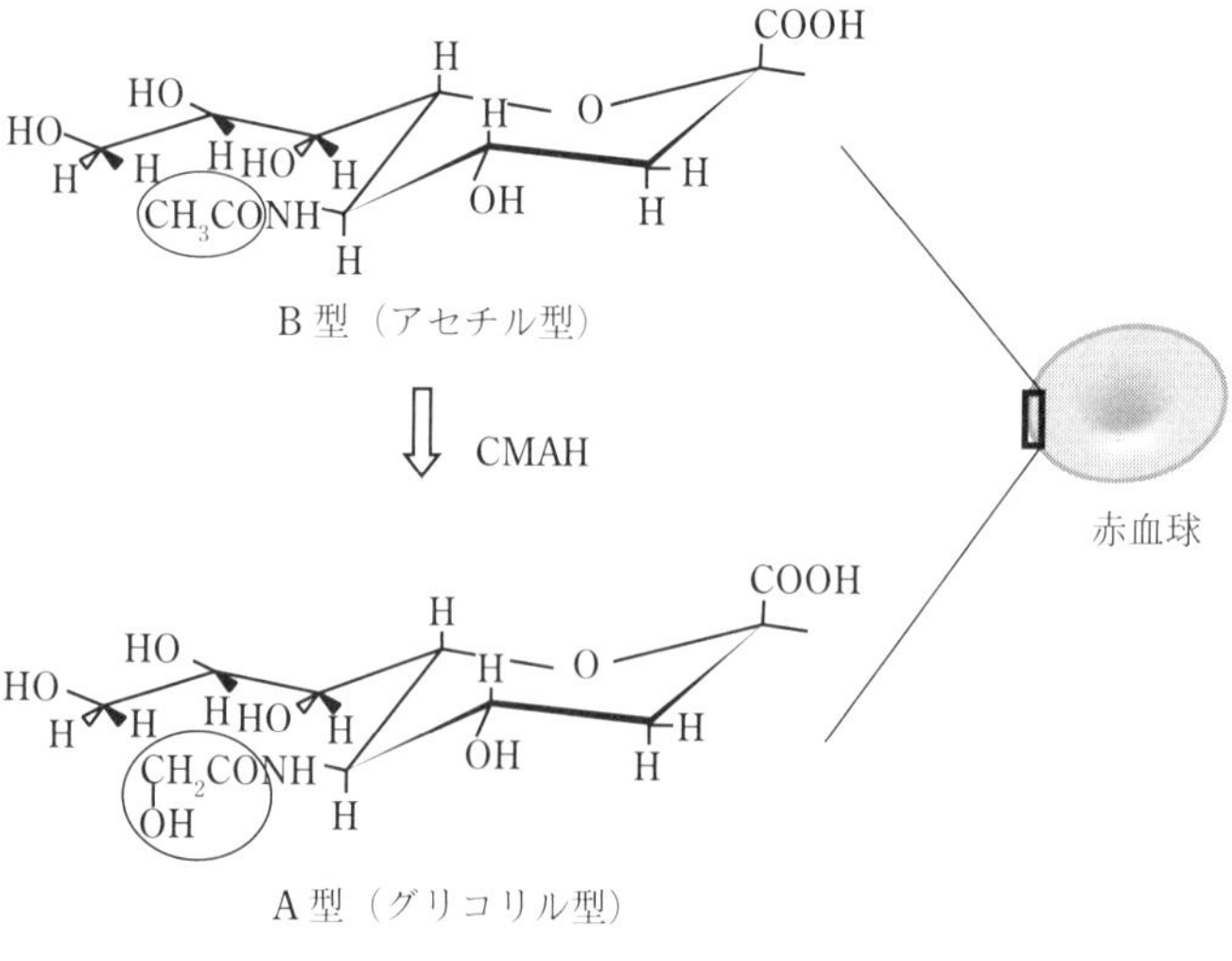

図 26　ネコの赤血球の膜にある
ノイラミニン酸の構造

が弱いのです。それに対して、B型のネコはこの酵素を持っていませんから、すべてアセチル基の付いたノイラミニン酸のみです。グリコリル基の付いたものは、完全に異物とみなされ抗体が反応します。これが、B型のネコがA型の赤血球に対する強い抗体を持っている理由です。

野性型のCMAHの遺伝子はA、変異型の遺伝子はbと表します。もう一つの血液型であるAB型の場合、その原因遺伝子をa^{ab}と表します。Aはbに対して優性で、a^{ab}は両者の中間です（$A>a^{ab}>b$）。AAまたはAa^{ab}またはAbのときには、血液型はA型です。$a^{ab}a^{ab}$またはa^{ab}bのときにはAB型、そしてbbのときにB型になります（表10）。

このCMAH酵素の遺伝子（DNA）も明らかになっています。血液型の遺伝子が明らかになったのは、霊長類（ヒトやサル）以外では、このネコの遺伝子が初めての例です。B型ではDNAの配列がA型とは違っていて、酵素が作れないか、できたとしても機能しないと考えられています。AB型のネコでは、この酵素の量は半分くらいでした。ですからアセチル基の付いた赤血球とグリコリル基のついた赤

表10　ネコの血液型（$A>a^{ab}>b$）

血液型	遺伝子型	抗　原	自身が持つ抗体
A	A A A a^{ab} A b	グリコリル型（A）	抗-B抗体
B	b b	アセチル型（B）	抗-A抗体
AB	a^{ab} a^{ab} a^{ab} b	アセチル型（B）と グリコリル型（A）	なし

血球とがほぼ等量存在するそうです。したがって、A型もB型もどちらの血液でも輸血できます。もともと自分が持っている血液型だからです。

染色体DNA上のCMAH遺伝子の配列や、それから作られるメッセンジャーRNAの配列の解析から、Aとbとa^{ab}の遺伝子の構造が明らかになっています。bの変異型遺伝子では、CMAH遺伝子の最初のコドンから三〇塩基ほど後に、一八塩基の挿入がありました。一八塩基は三の倍数なので、通常なら前に出てきたいくつかの例のように、六個のアミノ酸が新たに加わりタンパク合成が続くはずです。しかし今回の例では、この挿入のためにつなぎ目に終止コドンが新たに形成されています（図27）。したがって、活性のない短い酵素タンパク質しか作られません。

この挿入の他に、数か所で一塩基が置き換わった変異が見つかっています。これらの変異も含めて、さらに二一三匹のネコの遺伝子型とその血液型との関係が調査されました。その結果、血液型がA型のネコは野性型の遺伝子が二つか、野性型と挿入型をそれぞれ一つずつ持っていることが示されました。B型のネコは、必ず挿入型の遺伝子を二つ持っていました。

AB型のネコは赤血球に、アセチル基の付いたノイラミニン酸とグリコリル基の付いたノイラミニン酸の両方を有しています。すなわち半分程度アセチル基をグリコリル基に変換していることになります。ですから、当然CMAH酵素の活性は必要です。確かにAB型のネコは、野性型のA遺伝子を二つか、野性型と挿入型遺伝子を一つずつ持っていることがわかりました。挿入型遺伝子を二つ持つホモ接合体は、AB型のネコでは見つかっていません。

このように、AB型のネコの遺伝子型は一見するとA型のネコと同じですが、半分ほどの酵素活性しか示しません。なぜ酵素活性が低下するのか、a^{ab}遺伝子の構造はA遺伝子とどこが違うのかは、まだはっきりわかっていません。DNAからRNAが読み取られる領域以外で少し違いが見られますが、それが原因かどうかはわかっていません。またB型とAB型のネコでは、この遺伝子から作られるメッセンジャーRNAは、少し長さが短いものが半分程度できてしまうそうです。この理由もわかっていません。

興味深いことに、このCMAH酵素はわれわれヒトやニワトリでは機能していません。遺伝子はあるのですが、配列が変化してしまって、機能しないタンパク質しか作れません。チンパンジーにはCMAH酵素はあります。したがって、ヒトとチンパンジーの祖先が分岐した後で、ヒトのDNAに変化が生じて、CMAH遺伝子は機能を失ったと考えられます。

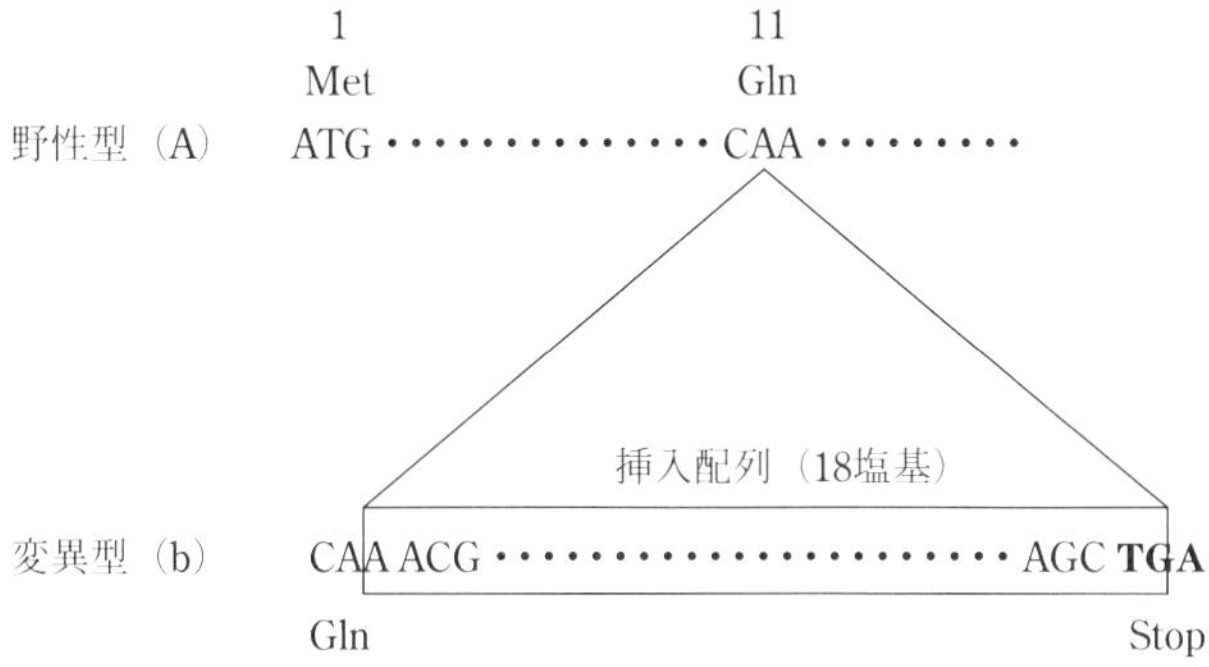

図27　野性型と変異型のCMAH遺伝子の配列

ヒトの血液型

ヒトの血液型はネコや、チンパンジーとさえ違うと書きました。ヒトのＡＢＯ式の血液型の場合、赤血球の表面にあるタンパク質に付いている化合物が、ＧａｌＮＡｃかＧａｌか、あるいはどちらも付いていないかの違いです。Ｇａｌというのはガラクトースという糖で、ＧａｌＮＡｃはＮアセチルガラクトサミンという糖です。ＧａｌＮＡｃが付いているのがＡ型、Ｇａｌが付いているのがＢ型、両方存在するのがＡＢ型、どちらも付いていないのがＯ型です。いずれも一つの酵素の遺伝子の違いによります。

ＤＮＡの配列の変化により、ＧａｌＮＡｃをつける活性を持つ酵素の遺伝子（I^A）、Ｇａｌをつける活性を持つ酵素の遺伝子（I^B）、そしてそのような活性がなく、いずれもつけることができなくなった酵素の遺伝子（ｉ）の三種類があります。われわれは遺伝子を二つずつ（父親と母親から）持っていますので、ＧａｌＮＡｃとＧａｌを付ける酵素の両方の遺伝子を持っている場合（$I^A I^B$）がＡＢ型です。ｉｉの時がＯ型です。ＡとＢはともにｉに対して優性で、ＡとＢは優劣がつけられないので共優性です。半優性はこれまでにも何度も出てきましたが、共優性の例は初めてですね。共優性と半優性は似ていますが異なります。

11　味覚と遺伝子

ネコの味覚

一時期、ネコが甘味を感じることができないのは、味覚を感じるタンパク質の遺伝子が壊れているからだ、ということが話題になりました。味覚はご存知のように、「甘味」・「塩味」・「酸味」・「苦味」・「旨味」の五つに分類されます。旨味は日本人が発見した味覚として有名で、昆布に多く含まれるグルタミン酸やカツオ節のイノシン酸などを旨味物質として感じます。舌にある味蕾（みらい）細胞において、味覚物質が識別されます。

古くからネコは甘いものに関心がないことが知られていました。生理学的調査でも、ネコの舌の味蕾細胞は甘い物質には応答しないことがわかっています。他の四つの味に関しては、きちんと応答することが報告されています。味蕾細胞にある受容体タンパクに、甘い物質や酸っぱい物質などの味覚物質が結合することによって、五つの味覚が神経細胞にシグナルとして伝えられます。したがって五種類の味覚に対して、それぞれ五種類の受容体タンパクが存在します（図28）。

われわれヒトも含めて多くの生物で、甘味を感じる受容体は一種類か二種類です。Ｔ１Ｒ２とＴ１Ｒ３と呼ばれるタンパク質がくっついて、甘味受容体を形成しています。Ｔ１Ｒ２が二つくっついたときにも、濃度が高ければ甘味物質を感知するのではないかと考えられています。一方、Ｔ１Ｒ１とＴ１Ｒ３がくっついたとき、旨味を感じる受容体となります。ですから、甘味と旨味を感じるための受容体の遺伝子は合計三個で、これはヒトでもネズミでもイヌでも同じです。Ｔ１Ｒ２タンパクの配列もその遺伝子であるＴＡＳ１Ｒ２遺伝子の配列も、生物間で非常によく似ています。ヒトやネズミやイヌなどでは、おたがいに七〇％～八〇数％の類似性があります。

ネコでも同様に、Ｔ１Ｒ１とＴ１Ｒ２とＴ１Ｒ３の遺伝子は存在しますが、Ｔ１Ｒ２の遺伝子（ＴＡＳ１Ｒ２遺伝子）に異常があることがわかりました。ネコのＴＡＳ１Ｒ２遺伝子を調べてみると、途中で二四七個の塩基が欠失していました。さらに詳しく調べてみると、不完全なタンパク質すらできていないことがわかりました。すなわち遺伝子としてまったく機能していないのです。

このような遺伝子を「疑似遺伝子」といいます。例えば、ヒトではビタミンC合成酵素の遺伝子が疑似遺伝子になってしまっています。ですからビタミンCはわれわれヒトにとっては「ビタミ

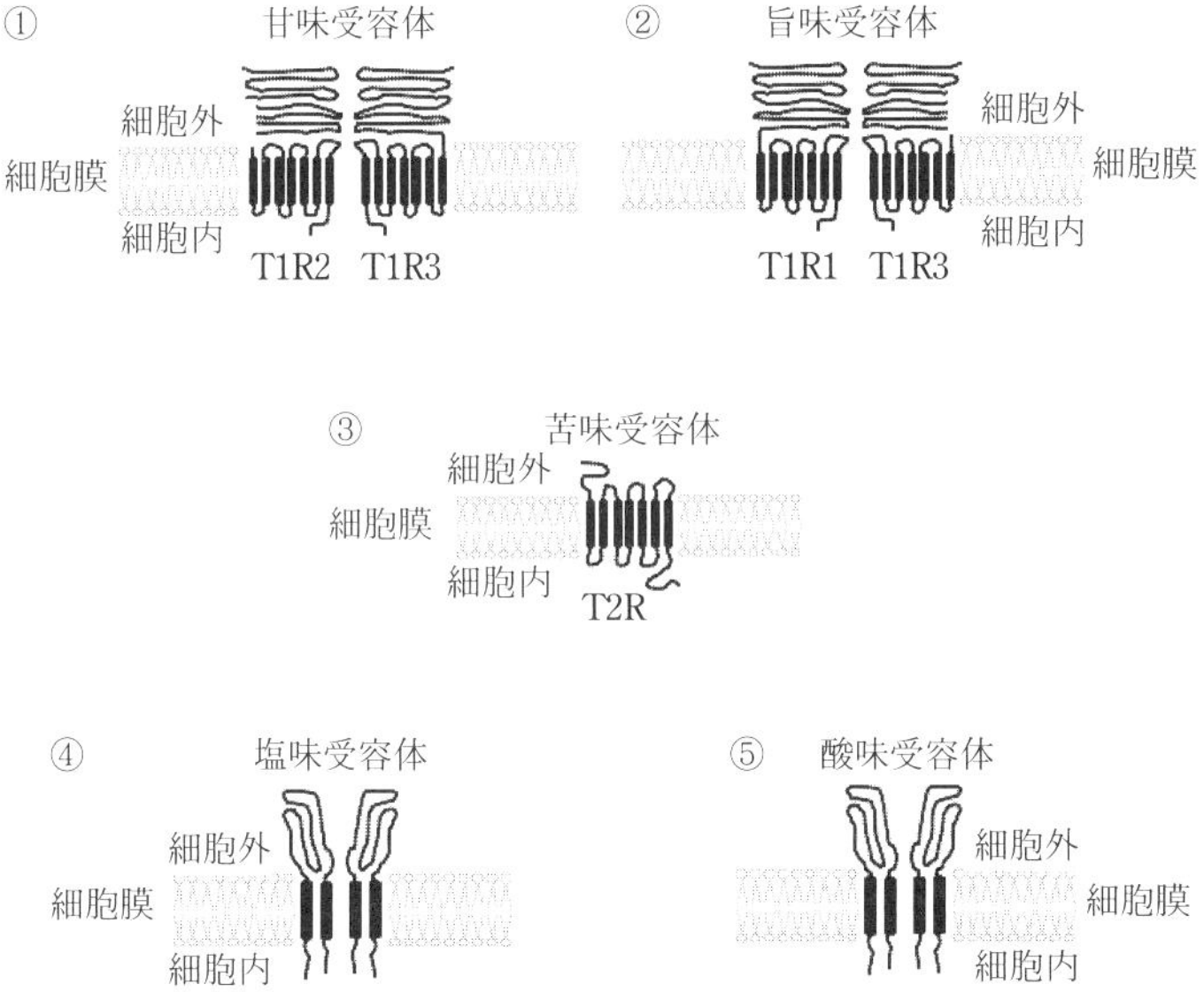

細胞膜（脂質；　　）に埋め込まれている味覚受容体タンパクを模式的に示す。

図 28　味覚受容体の構造

ン」であり、食事により摂取する必要がありますが、ネコやイヌなどは自分で作ることができます。ネコはT1R2タンパクがないので、甘味受容体であるT1R2とT1R3の複合体を形成できないので、甘味を感じることができません。ネコの味蕾細胞は、生理学的に旨味物質に応答することがわかっていますから、おそらくT1R1とT1R3の組合せで旨味受容体は形成しているでしょう。

動物の分類でネコ目（食肉目）は、さらにネコ亜目とイヌ亜目に分けられます。もちろんネコはネコ亜目の中のネコ科に分類されますが、同じネコ亜目のミーアキャットやキイロマングースなどでは、TAS1R2遺伝子は正常です。もちろんイヌ亜目のイヌやフェレットのTAS1R2遺伝子も正常です。これらの動物は、単なる水と単糖あるいは二糖の入った水を与えると、後者を好んで飲むことが知られています（イヌはそれほど好まないそうですが）。それに対して、ネコは甘味受容体が機能しませんので、糖類があってもなくても無関係です。これはライオンやトラやチータでも同じで、実際にこれらの動物でもTAS1R2遺伝子にネコと同じ欠失があることがわかっています。すなわち、進化の過程で、ネコ科の共通の祖先のときに、甘味受容体の遺伝子の変異が起こったと考えられます。

ヒトとチンパンジーの味覚

甘味受容体は一種類または二種類、旨味受容体は一種類あると述べました。それに対して、苦味受容体タンパクはＴＡＳ２ファミリー（Ｔ２Ｒ）と呼ばれて、ヒトではよく似た遺伝子が二五個もあります。これは苦い物質には有害なものが多く、場合によっては致死に至るものも多くあるためです。さまざまな苦い物質を識別できなければ命にかかわるため、受容体の種類も発達したと考えられます。ＴＡＳ２ファミリーの数は生物によって大きく変わります。少ないものではニワトリの三個、多いものではカエルの四九個があります。マウスでは三五個、ラットでは三七個です。このように、類縁種でも数が随分変わっています。防御のために、非常に進化したせいでしょう。

ＰＴＣ（フェニルチオカルバミド）という有機化合物があります。極少量で苦い物質です。ところがこのＰＴＣをまったく苦いと感じない人達がいます。一九三〇年代の初期に、ある実験室で一人の研究者がＰＴＣの白い粉を瓶に詰め替えていたところ、近くにいた同僚が「苦い」と文句をいったことからその苦味が明らかになりました。瓶に詰め替えていた人はまったく苦く感じなかったのですが、その同僚は飛んできた粉末が口に入り、少量でも非常に苦く感じたのです。一〇〇リットルの水の中に、一グラム程度のＰＴＣが含まれている濃度で、非常に苦く感じる人と、それをまったく感じない人とがいます。

この感じ方は非常にはっきりと分かれますので、その発見以来、遺伝現象を調べる標準的な試験法として広く用いられてきました。水溶液をなめるだけの簡単な試験ですから、数万人規模の検査でも容易に調べることができます。苦く感じるヒトと感じないヒトの割合は、地域によって差がありますが、一般に約四分の三のヒトが苦く感じ、四分の一が苦く感じないそうです。ＰＴＣの苦味の発見から数年後には、チンパンジーでもやはり苦く感じる個体と感じない個体がいることがわかりました。例えば二七匹を調べた結果、二〇匹は苦く感じ、七匹は感じませんでした。オランウータンでも、三匹のうち一匹は、苦みを感じなかったそうです。

ＰＴＣを感じる苦味受容体は、ＴＡＳ2ファミリーの一つのＴＡＳ2Ｒ３８というタンパク質です。苦く感じるヒトと感じないヒトの遺伝子配列を調べると、塩基が置き換わっているところが3か所見つかりました。その結果、この受容体のアミノ酸配列中の四九番目・二六二番目・二六九番目のアミノ酸がそれぞれ、苦味を感じるヒトではプロリン・アラニン・バリン（プロリン型）で、感じないヒトではアラニン・バリン・イソロイシン（アラニン型）となっていました。さらに詳しい研究で、苦味を感じるには四九番目のプロリンが重要であることがわかりました。

世界各地から集めた、三三〇人のＴＡＳ2Ｒ３８遺伝子（各々一組の遺伝子を持つので計六六〇個）の配列も調べられました。その結果、アジアやヨーロッパではプロリン型の遺伝子とアラニン型の遺伝子は、ほぼ半々でした（両遺伝子がほぼ半々ということは、苦味を感じないアラニン型のホモ接合体の割合は約四分の一になります）。一方、アフリカや北アメリカのサンプルでは、PTCを苦く感じるプロリン型が多く、特に北アメリカでは二〇人中一九人がプロリン型だったそうです。

遺伝子DNAは少しずつ変化します。その蓄積が「進化」です。しかし、TAS2R38の遺伝子における塩基の変化は、普通の遺伝子に見られる変化よりも、頻度が高いそうです。そのような高い頻度で変化した配列が残っているということは、それがなんらかの利点を持っていたからであると推測されます。PTCという化合物そのものは、自然界には存在しない、人工的な化合物です。したがってこのPTCの受容体は、本来はPTCとよく似た天然の別の化学物質、おそらく苦くてヒトに有害な化合物を認識するために、存在すると考えられます。アブラナ科の植物が、PTCに似た苦味物質を有することはわかっています。しかし、アラニン型とプロリン型のヒトの間で、アブラナ科の野菜の嗜好と遺伝子型との相関関係は見られなかったという報告もあり、TAS2R38タンパクによって感じる天然の物質が何であるかは不明です。

われわれが苦味物質を感じるのは、例えば植物の毒などを食べてしまわないようにするなど、動物にとって重要な防御機構の一つですので、その能力を失うことは、ヒトにとっては危険なはずです。それが約四分の一ものヒトで、苦みを感じなくなったまま進化してきたということは、われわれが知らない、何か別の重要な物質を感じるように変化したのではないかとも推測されます。しかし、ＰＴＣによく似た天然の物質が何であるのか、あるいはＰＴＣを感じなくなった代わりにどのような能力を獲得することができるようになったのかは不明です。さらに、ＴＡＳ２Ｒ３８タンパクによって感じることのできる天然物質が何であるのかがわかっていませんので、プロリン型からアラニン型に変異したのか、あるいはアラニン型からプロリン型に変化して、たまたまそれでＰＴＣを苦味物質として感じることができるようになったのか、どちらであるのかも現時点では不明です。

チンパンジーでも、このＰＴＣを苦く感じるグループと感じないグループがいることは先に述べました。そのＴＡＳ２Ｒ３８遺伝子の構造も、最近明らかになりました。その結果チンパンジーでは、苦みを感じないグループでは一個の塩基が置き換わっていました。それはタンパク合成の最初のコドンであるＡＴＧで、変異型ではＡＧＧに代わっていました。その結果、タンパク合成は異なる場所から始まり、そのため若干配列の短くなった受容体タンパクが作られていると考えられます。しかも重要なことは、この変化しているＤＮＡ配列の場所は、先ほどのヒトの場合とまったく異なります。

したがってこれらのことから、ヒトとチンパンジーの祖先が分岐してから、それぞれ独自にこのＴＡＳ２Ｒ３８の遺伝子に変化が生じて、苦く感じることのできなくなったグループが出現したことがわかります。このことからも，ＰＴＣを感じなくなった代わりに，別の物質を識別できる能力を獲得した可能性が高いと考えられます。ちなみに，ネアンデルタール人の遺伝子を調べたところ，プロリン型とアラニン型の遺伝子のヘテロ接合型だったそうです。したがって，現代人とネアンデルタール人に分かれる以前に，アラニン型への変異が生じたようです。このようにＤＮＡの配列を調べることにより，進化の過程についても色々と興味深いことがわかります。分子遺伝学という学問におけるおもしろい成果の一つでしょう。

あとがき

インスリンは血糖値を下げる重要なホルモンで、膵臓(すいぞう)ランゲルハンス島β細胞で産生されます。β細胞が破壊されるとインスリンが作れなくなり、糖尿病になります。これは1型糖尿病と呼ばれます。一方、インスリンの産生が低下し、またインスリンに対する応答が低下すると、2型の糖尿病が引き起こされます。イヌでは1型が、ネコでは2型の糖尿病が多いそうです。地域にもよりますが、ネコでは通常二〇〇匹に一匹〜四〇〇匹に一匹の割合で罹患し、このうち八〇〜九五%が2型だそうです。オーストラリアのバーミーズでは特に罹患率が高く、五〇匹に一匹という報告もあります。

糖尿病の原因としては、遺伝的なもの（特定の遺伝子の変異）と、環境要因によるものとがあります。後者としては、家の中の引きこもりによる運動不足や、高炭水化物食による肥満などがあげられます。遺伝的な原因については、まだはっきりしていません。遺伝的要因による疾患が初めてネコで明らかになったのは、筋ジストロフィーの遺伝子です。一九九〇年代の中頃のことです。それ以来、ネコでもさまざまな疾患の原因遺伝子が明らかにされてきています。

疾患によっては品種間で偏りのある場合もあります。例えばムコ多糖症はシャムに多いといわれています。ＡＲＳＢ遺伝子の変異によって引き起こされます。また多発性嚢胞腎症は、ペルシャの中では三〇〜三八％の罹患率で知られています。ＰＫＤ１遺伝子の変異で、三二八四番目のアミノ酸のコドンが終止コドンに変わっています。これは優性変異で、ホモ接合体は見つからないので、ホモ接合体は胎児のときに致死になると考えられます。ペルシャとの交配で生まれた他の品種でも、罹患率が高いことが予想されます。

さらに、疾患ではありませんが二〇〇三年のアグチ遺伝子を皮切りに、毛色や発毛に関わる遺伝子もつぎつぎと明らかになってきました。この本で、それらの毛色遺伝子や発毛に関わる遺伝子、また血液型遺伝子や味覚遺伝子について、現時点でわかっている範囲で解説してきました。

はじめに述べたように、ネズミはほ乳動物におけるモデル生物として、遺伝子の研究に非常によく用いられています。毛色遺伝子についても学問的な観点から、研究が進んできました。すなわち、毛色に影響を与える遺伝子の探索が網羅的に行われて、一〇〇を超える遺伝子が同定されています。

一方、ネコやイヌの場合は、これまで作り上げてきた品種における特徴的な毛色について、その遺伝子の研究が行われてきました。ただ、イヌの毛色に興味が持たれるようになったのは、ペットとして扱われるようになったごく最近のことです。現在のイヌの体型を見てもわかるように、大型犬から小型犬まで非常に多種多様です。これはとりもなおさず、非常にたくさんの変異が蓄積されていることを示しています。したがって毛色遺伝子の変異も、デフェンシンのところで述べたように、イヌにも特徴的な遺伝子がいくつかありそうです。

ネコはこれまでに述べたように、毛色遺伝子は比較的単純で、数も少なくわかりやすいと思われます。またネコにはネズミやイヌにはない特徴もあります。タビー模様（図29）もその一つでしょう。タビー模様は、毛色ではありませんが、野生動物にとってカモフラージュとして非常に重要な特徴です。野生動物が自分の身を守ったり、あるいは狩りをしたりするときに、このカモフラージュは欠かせません。タビー模様を作る遺伝子の変異によって、スポットなどの模様にも変わります。実験室で扱われるネズミやイヌでは、このタビー模様がありません。また三毛ネコ（図30）でみられるO遺伝子は、ネコとゴールデンハムスターに特徴的な毛色遺伝子です。その原因遺伝子は

図29　タビー模様

図30　三毛ネコ

まだ特定されていませんが、どんな遺伝子が関与しているのかは、大いに興味が持たれます。

このように、毛色一つをとっても種によって特徴があります。またこの本でも少し触れたように、さまざまな疾患との関わりもあります。遺伝子の研究、すなわち分子遺伝学の特徴は、複雑な表現型（例えば病気の症状や毛色のパターンなど）を単純化できることです。もちろん単一の遺伝子で説明できることもありますし、そんな単純なものではなく複数の遺伝子の組合せの場合もあります。しかし最近の科学技術の進歩によって、そのような複数の遺伝子の変異による表現型や症状の場合でも、任意に変異型の遺伝子を組み合わせて、モデルの個体を作ることも可能になってきています。

動物における多彩な毛色も、個々の遺伝子に基づいて説明できるのは非常におもしろいことです。まだ原因となる遺伝子が明らかになっていない毛色の変異もありますので、研究としても興味のつきない分野です。ネコやイヌの毛色を通じて、分子遺伝学を少しでも身近に感じて頂ければ幸いです。

最後に、今回の出版にあたって、コロナ社の皆様には大変お世話になりました。この場を借りてお礼申し上げます。

参考文献

1 Richard, A. et al. : Human pigmentation genes: identification, structure and consequences of polymorphic variation. Gene, *277*, pp. 40-62 (2001)

2 Eizirik, E. et al. : Molecular genetics and evolution of melanism in the cat family, Current Biology. 13, pp. 448-453 (2003)

3 Lyons, L. A. et al. : Tyrosinase mutations associated with Siamese and Burmese patterns in the domestic cat (*Felis catus*). Animal Genetics, 36, pp. 119-126 (2005)

4 Schmidt-Kuntzel, A. et al. : Tyrosinase and tyrosinase related protein I alleles specify domestic cat coat color phenotypes of the albino and brown loci. Journal of Heredity, 96, pp. 289-301 (2005)

5 Ishida, Y. et al. : A homozygous single-base deletion in *MLPH* causes the dilute coat color phenotype in the domestic cat. Genomics, 88, pp. 698-705 (2006)

6 Li, X. et al. : Cats lack a sweet taste receptor. The Journal of nutrition, 136, pp. 1932S-1934S (2006)

7 Imes, D. L. et al. : Albinism in the domestic cat (*Felis catus*) is associated with tyrosinase (TYR)

mutation. J. Compilation 37, pp. 175-178 (2006)

8 Cankile, S. I. et al.：A ß-defensin mutation causes black coat color in domestic dogs. Science, 318, pp. 1418-1423 (2007)

9 Kehler, J. S. et al.：Four independent mutations in the feline fibroblast growth factor 5 gene determine the long-haired phenotype in domestic cats. Journal of Heredity, 98, pp. 555-566 (2007)

10 Millon, L. V. et al.：Cytidine monophospho-*N*-acetylneuraminic acid hydroxylase (CMAH) mutations associated with the domestic cat AB blood group. Biomedical Central Genetics, 8, pp. 1-10 (2007)

11 Menotti-Raymond, M. et al.：Patterns of molecular genetic variation among cat breeds. Genomics, 91, pp. 1-11 (2008)

12 Peterschmitt, M. et al.：Mutation in the melanocortin 1 receptor is associated with amber color in the Norwegian Forest Cat. Animal Genetics, 40, pp. 547-552 (2009)

13 Gandolfi, B. et al.：The naked truth: Sphynx and Devon Rex cat breed mutaions in *KRT71*. Mammalian Genome, pp. 21, 509-515 (2010)

14 Kaelin, C. B. et al.：Specifying and sustaining pigmentation patterns in domestic and wild cats. Science, 337, pp. 1536-1540 (2012)

用語解説

・一倍体（半数体）……精子や卵子のように、染色体DNAを一本ずつ有する細胞。
・遺伝子型……ある生物個体が持つ遺伝子の型、またはその組合せ。
・イントロン……一旦メッセンジャーRNAの配列となるが、タンパク合成などに用いられる前に除かれるRNA領域、またはそれに相当するDNA領域。
・エキソン……メッセンジャーRNAの配列となった後、イントロン部分は除かれるが、残ってタンパク合成などに用いられるRNA領域、またはそれに相当するDNA領域。
・共優性……ヘテロ接合型の遺伝子による二つの表現型の両方の性質を示すこと。
・系統樹……共通の祖先から派生したと考えられる生物種（あるいはタンパク質や遺伝子など）の間の進化的関係を樹木状に図示したもの（最近では必ずしも樹木状ではなく、平行線状や中心から外に広げて図示する場合もある）。
・抗体……個体にとっての異物と特異的に結合し排除するための、生体防御機構の役割を担うタンパク分子。
・上位（下位）……その変異による表現型により、別の変異の表現型が隠されてしまうことを上位にあるといい、逆に隠れる表現型を下位にあるという。

・染色体DNA……細胞の遺伝情報を担っているDNAで、何種類かのタンパク質と複合体を形成していて、ある種の染料で染まることからこのように呼ばれる。

・転写……DNAの情報を基にRNAを作る過程。

・二倍体……染色体DNAを一組ずつペアで保有する細胞。

・半優性……ヘテロ接合型の遺伝子による二つの表現型の中間の性質を示すこと。

・表現型……生物の持つ性質や特徴を形質といい、その形質が特定の遺伝子に基づく場合に表現型という。

・複製……二本鎖DNAを基に、DNA合成酵素が二組の二本鎖DNAを作る過程。

・ヘテロ接合型（接合体）……一組の染色体上の遺伝子が異なる遺伝子型を持つ場合（その個体）。

・変異……DNAあるいはRNAを構成する塩基が変化すること。そのような変異を生じた個体を変異体（ミュータント）と呼ぶ。

・ホモ接合型（接合体）……一組の染色体上の遺伝子が同じ遺伝子型を持つ場合（その個体）。

・翻訳……メッセンジャーRNAの情報を基に、タンパク質が作られる過程。

・ミクロサテライト……染色体DNA配列中に存在する、二塩基程度の特徴的な繰返し配列。

・メッセンジャーRNA……DNAの配列を基に作られる塩基配列で、タンパク合成などに用いられる。

・メラノソーム……色素細胞にあるメラニン合成のための細胞内小器官。

・優性……ある特定の遺伝子によって生じる形質について、その遺伝子産物による形質が現れる場合を優性、逆にそれによって表に現れない形質（またはその遺伝子）を劣性という。

・ＰＣＲ（ポリメラーゼ連鎖反応）法……ＤＮＡポリメラーゼ（合成酵素）を用いて、二種類の短いＤＮＡで挟まれる領域を繰り返し合成する方法。反応を繰り返すことにより、倍、倍、倍と指数的にＤＮＡを増やすことができる。

ネコの品種と索引

——著 者 略 歴——

1974 年　大阪大学理学部化学科卒業
1979 年　大阪大学大学院理学研究科博士後期課程
　　　　単位取得退学（有機化学専攻）
　　　　理学博士（大阪大学）
1979 年　群馬大学助手
1987 年　群馬大学講師
1991 年　九州工業大学助教授
2002 年　九州工業大学教授
2012 年　九州工業大学名誉教授

ネコと分子遺伝学

2013 年 6 月 28 日　初版第 1 刷発行　★

検印省略

著　者　仁(に)川(かわ)純(じゅん)一(いち)
発 行 者　株式会社　コロナ社
　　　　代 表 者　牛来真也
印 刷 所　萩原印刷株式会社

112-0011　東京都文京区千石 4-46-10
発行所　株式会社　**コロナ社**
CORONA PUBLISHING CO., LTD.
Tokyo　Japan
振替　00140-8-14844・電話（03）3941-3131（代）
ホームページ　http://www.coronasha.co.jp

ISBN 978-4-339-06746-0　（吉原）　（製本：愛千製本所）
Printed in Japan